英國權威科學家
解答世界孩子
科學100問

羅伯特·溫斯頓教授 著
(Professor Robert Winston)

新雅文化事業有限公司
www.sunya.com.hk

目錄

這本書的100條問題涵蓋了6個主要的科學範疇,並按以下的顏色區分:

化學

人體

物理

自然科學

地球

太空

前言

「　　書中所羅列的問題，都是我多次到訪不同學校時最常聽見的提問。我們也向英國、歐洲，還有加拿大、美國、印度、中國、日本等國家的孩子蒐集了許多關於科學的問題。令人嘖嘖稱奇的是，不論你住在哪裏，都會提出非常相似的疑問。

　　我會透過這本書嘗試解答你們的問題。很多時候，你們提出的精彩問題都是大部分成年人不敢發問的，我很高興你們已準備好發問。重要的是，你絕對不應為了不明白某些事情而感到難為情。只要敢說敢問，你便做到一個出色科學家應做的工作了。科學家發現一些他們不了解的事情時會提出疑問，然後他們會請教其他科學家，並搜尋任何他們能找到的相關知識。最後，他們會設計不同的實驗來找出答案。本書中有些提問是我無法回答的，因此我會翻查資料，有時也會向其他科學家求助。儘管我只曾親自做了數個實驗，我提出的答案通常是基於其他科學家所做的實驗。

　　偶爾有一些提問也會是暫時沒有人懂得回答的，這就是為什麼科學如此引人入勝。如果你成為了一個科學家，你也許會找到許多未知之謎的答案。」

為什麼科學這麼重要？

「你們正在看得津津有味的這本書，就是由印刷的科學所製成。但願你們沒有在飢寒交迫中瑟瑟發抖，也不是處於黑暗之中。當你們覺得我所寫的文字無聊沒趣時，你可以看電視、玩電腦，或乘坐巴士去探望你的朋友。你們全部人都很可能比以往任何人類更健康長壽。科學主宰了我們的世界，然而我們都視之為理所當然。科學也會被誤用，傷害我們和我們珍貴的地球。讓所有人更了解科學真的很重要，這樣我們才能好好運用這種強大的知識，作出更明智的選擇。」

為什麼人們要成為科學家？

「人們會為了許多不同的理由而成為科學家。當我8歲時，我希望了解事物怎樣運作，並嘗試過許多實驗，大部分都沒有成功。這也許令人沮喪，但也很有趣味。後來我年紀漸長，我透過顯微鏡看見植物與動物組織那無與倫比的美。14歲時，我製作了一個望遠鏡，看見了行星與月球上的坑洞。到我16歲，我製作出一部收音機，並且不會在我啟動它時起火。在大學裏，我發覺科學並不只是關乎有趣與否，我認識到科學能為所有生命帶來無限好處的重要價值。」

我們是否能百分百肯定事情的真確？

「我認為不可能。事實上我覺得保持懷疑的態度比較好，即使你認為你已經找到某些知識的證據時。對我來說，我們越是研究科學，便越會發現更多我們不了解的事情，抱有疑問就是我們從事科學的原因。」

我的**身體**
由什麼組成？

「　　你的身體由大約37萬億個微小的**細胞**組成。人體大約有200種不同的細胞，它們形成肌肉、神經、腦部、脂肪、腺體、血液、肝臟、皮膚等。不過實際情況更為複雜，你的皮膚擁有製造毛髮的細胞，而其他細胞則為你的頭髮添上顏色；有些細胞會產生汗液；有些細胞會幫助你在太陽下變成古銅色。你的身體上和體內甚至有約40萬億個細菌的細胞，其實大部分細菌能讓我們保持健康，不過這些細菌也是令我們在沒有洗澡時，會變得有點臭的主要原因。」

蛋白質會儲存在這裏，直至細胞需要它。

神經細胞會將信息傳送至全身。

信息會以電子信號的形式傳送。

細胞

在細胞裏有不同的結構，每個結構都有特定的任務來保持細胞健康及能夠正常運作。細胞的控制中心是細胞核。

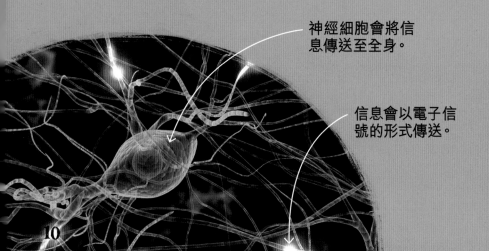

細胞核是細胞的控制中心，儲存了細胞的DNA。

這些凹凸不平的管道會製作蛋白質。

這個結構會產生能量，為細胞提供動力。

這是細小的儲存袋，含有養分及廢物。

這些結構會負責為細胞打掃，清除廢物及對付入侵者，例如病菌。

這些光滑的管道會製造及儲存脂肪。

你可否在實驗室製造一個人類？

我們無法在實驗室裏製造出一個人類，因為細胞無法以人工方式製造出來。如果我們能夠製造出一個基本細胞，我們也許能夠將它變成一個人類卵子細胞，或者一個精子細胞，然後我們便能夠製造出一個人類**胚胎**。目前這並不可能，不過在遙遠的未來可能會成真。

胚胎

胚胎在子宮裏也許能發育成一個嬰兒。到第8周結束時，胚胎內的所有身體器官都開始形成。

人類胚胎

時間是從什麼時候**開始**的？

有些古希臘**哲學家**相信宇宙是永恆存在的。時至今日,科學家普遍認為宇宙在大約138億年前隨着**大爆炸**誕生,這大概就是時間的開始,然後宇宙便從細小的一點不斷擴張。在大爆炸前,時間與物理法則並不存在。在未來的某一刻,宇宙可能會開始收縮,宇宙便可能會步向終結。記得對別人友善一些,因為時間可能就在下星期突然停止。

大爆炸

宇宙是從一場大型爆炸中誕生。第一顆原子花了大約38萬年來形成,而第一批恆星經過了1.8億年後才開始發光。

哲學家

從公元前6世紀開始,古希臘哲學家便開始對周邊的世界作出提問。利用邏輯與推理,他們嘗試去理解所見的一切。

為什麼太空裏沒有空氣？

太空是一個近乎真空的空間，裏面幾乎沒有任何物質，包括空氣。我們稱為空氣的氣體混合物主要由氮氣和氧氣組成，通過重力緊密地固定在地球表面。當我們從地球表面往上走，重力便會逐漸減弱，空氣也會變得稀薄。走到距離地球表面大約100公里的位置時，我們便抵達太空了。

暗物質在太空裏有什麼用途？

科學家相信我們在太空裏看見的所有行星、恆星和星系，只是存在於宇宙中所有物質的其中一小部分，其餘都是肉眼看不見的**暗物質**。我們認為暗物質是存在的，是因為恆星和星系的移動速度比我們預期的快得多，所以肯定有一些看不見的物質對這些星體產生引力。

請翻到第109頁了解更多關於黑洞的知識。

暗物質

我們看不見暗物質，不過我們認為暗物質會不規則地分布在宇宙裏，而聚集在一起的暗物質會向恆星和星系施加引力。

大部分我們認為是空白的位置其實都是暗物質。

第一個人類是怎樣誕生的？

這種彷如人猿的森林居民會爬樹，也能夠用兩條腿步行。

阿法南猿步行時身體已經能保持挺直。

直立人能夠奔跑，並懂得運用鋒利的石塊作為切割工具。

始祖地猿

阿法南方古猿

直立猿人

　　從科學的角度看，世上沒有所謂『第一個人類』，因為這是一個非常緩慢、漸進的**演化**過程，演化會持續不斷在世界的不同地方發生。另一項值得一提的是，正如野生的**哺乳類動物**能夠在沒有其他個體協助下分娩及餵哺子女，早期的人類相信大部分也能自力產子，不需援手。

這個人種擁有肌肉發達的強壯身體，還有一個大腦袋。

海德堡人使用尖石長矛獵殺大型動物。

海德堡人

智人（現代人類）

演化

史上第一個人類物種大約是800萬至600萬年前在非洲出現。自此之後，地球上曾出現過許多人類物種，不過他們全都滅絕了，只有智人仍然存在。

現代人類與已滅絕的類人猿物種相比，擁有較少體毛、較長的腿和較短的手臂。

我們認為智人在地球上存活了10萬年。每一個新世代大約需要20年才能誕下子女，因此自從現代人類出現以來，大約只經歷了5,000個世代！

哺乳類動物

哺乳類動物是一種有脊椎及體毛的動物，牠們會用乳汁餵養幼兒。除了鴨嘴獸和針鼴會生蛋，其餘所有哺乳類動物都是胎生的。年幼的哺乳類動物會和媽媽待在一起，直至牠們能夠自行覓食。

北極熊寶寶會留在媽媽身邊30個月。

雌性黑猩猩一般每次只會生下一隻猩猩寶寶。

豬媽媽每次可以餵哺最少10隻小豬！

人類嬰兒約在6至10個月大時學會爬行。

15

為什麼 水的感覺是 濕的？

嚴格來說，水不是濕的。如果你將一根手指放入一杯水裏，手指並不會覺得濕。不過當你把手指從水中抽離，你的手指便濕了，也有濕潤的感覺。濕潤意指液體依附在固體表面的能力。純水相當濕潤，不過如果水與肥皂混合後，水會更容易附着於物體表面，令水變得更『濕潤』。因為肥皂減弱了**水分子**聚集在一起的力，降低了水的**表面張力**。

表面張力

液體分子之間有一種力，會令液體的表面恍如一片被拉扯着及具有彈性的皮膚，這就是表面張力。

表面張力可以令水點塑造成形，而重力會將水滴往下拉成淚滴的形狀。

表面張力令某些昆蟲可在水面上行走。

水分子會緊密地聚集在一起。

水分子

每個水分子都由3個名為原子的小東西組成，其中兩個是氫原子，還有一個是氧原子，因此水分子的化學式是H_2O。

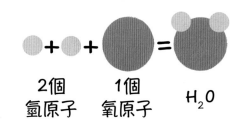

2個 氫原子　1個 氧原子　H_2O

水蒸氣是看不見的，你在沸水上方看見的白煙其實是一團團的小水點，它們的溫度比水蒸氣的溫度稍微低一點點。

為什麼沸騰的水裏會有泡泡？

請翻到第114至115頁了解更多關於泡泡的知識。

水裏有一些溶解了的空氣，當水被加熱時，空氣便不再溶解在水裏，會形成泡泡浮上水面。當水一沸騰起來，泡泡裏充滿的便不再是空氣，而是水蒸氣。在攝氏100度，水便不再是液體，而變成了氣體，所以這些泡泡其實是氣態的水，即是水蒸氣。

為什麼油與水無法混合？

油的密度比水低，亦比水輕，因此它會浮在水的上面。水分子互相緊密地結合在一起，令水不會輕易和油混合，除非你加入類似肥皂的東西，令水分子鬆開。

洗潔精能將油脂從骯髒的碗碟上洗掉。

17

「 簡單的答案是不可以，這是因為**重力**的存在。重力是一種隱形的力，會把物體拉在一起，讓我們留在地球上。所有物體都會受重力而互相吸引；非常巨大的物體例如恆星與行星，它們有較大的**質量**，會產生較大的重力。舉例來說，木星是太陽系最大的行星，它擁有的重力較地球多2.5倍。」

你可不可以跳出地球？

重力

出生於1643年的英國科學家以撒・牛頓（Isaac Newton）是最初研究重力的其中一位科學家。有一個故事說，牛頓坐在一棵蘋果樹下的時候，一顆蘋果從樹上掉下來，砸中了他的頭。牛頓問自己為什麼蘋果沒有飛向天空。他構想了一套理論，指出地球的重力會將所有物體拉向地球的中心。

為什麼月球的重力比較小?

重力牽扯的強弱關乎物體的大小。地球比月球大,質量也較大,因此地球上的重力比月球更強,這就是為什麼太空人能夠在月球上跳得更高更輕鬆。」

請翻到第78至79頁了解更多關於重力的知識。

質量

物體的質量是指物體包含的物質有多少,物體包含的物質越多,物體的質量越大;而重量是指重力施加在物體上的力。

木星 與 地球

假設你在地球上的體重是30公斤。如果你站在木星上,你的體重就會變成72公斤,大約等同一個成年男性的體重。

月球 與 地球

如果你站在月球上,你的體重便會僅餘5公斤,大約與一隻貓的體重相同,因為月球體積較小,質量亦較小,所以月球上的重力只有地球上的六分之一。

為什麼天空是藍色的？

「　　雖然來自太陽的光看似是白色的，但它其實是由**彩虹**的全部顏色所組成。光以電磁波的形式前進，每一種顏色的光都有各自的波長，有些顏色光的**波長**較短，有些顏色光有較長的波長。當陽光抵達大氣層時，會與氣體分子和到處飄浮的塵埃粒子相撞，散射出不同的顏色。波長較短的藍色光會較其他波長較長的顏色光更容易射向我們的眼睛，令天空看似是藍色的。紫色光的波長明明更短，你也許會認為天空應該是紫色的。不過，人類的眼睛對藍色光比紫色光更敏感，所以我們看見藍色的天空，而不是紫色的。」

波長

　　光譜中紅色那端的顏色光到紫色那端的顏色光，波長會逐漸變短。

紅色

橙色

黃色

綠色

藍色

靛色

紫色

彩虹

當太陽在你身後,而你面前正在下雨時,你便可能看到彩虹。白色的陽光穿透數百萬顆小雨點,陽光便會分散成一道由不同色彩組成的拱橋。

光進入及離開雨點時會被折曲,即是折射。

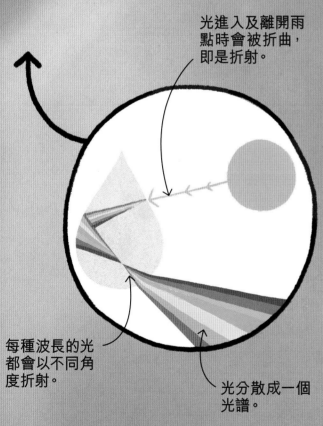

每種波長的光都會以不同角度折射。

光分散成一個光譜。

為什麼日落時會看見天空裏有不同的顏色?

「 當太陽從天空中向地平線下沉時,陽光會穿過更多地球的大氣層,因此會穿透更多粒子與塵埃。藍色的光會更分散,其後波長較長的顏色,例如紅色和黃色便會變得更明顯。 」

科學家能不能令恐龍復活？

馬氏北方盾龍於2011年在加拿大艾伯塔省被發現。牠是世上其中一件保存得最好的恐龍化石。

請翻到第74至75頁了解更多關於恐龍的知識。

「 有少數科學家曾經嘗試令恐龍復活，但我認為成功的機會微乎其微。他們希望從血液或骨骼，甚至從會噬咬其他動物的昆蟲，例如**蚊子**中，抽取**恐龍的DNA**。問題是DNA會隨着年月過去而分解。至今還沒有人能夠重新取得來自超過100萬年前，遠在恐龍滅絕後的完整DNA長鏈。 」

恐龍的DNA

要令恐龍復活，科學家便需要恐龍完整的DNA，而不只是一點點DNA。由於恐龍在6,000萬年前絕種了，完整的DNA不大可能會被找到，況且你也需要恐龍媽媽來孕育或照顧恐龍蛋。

蚊子

這隻來自遠古的蚊子被困在琥珀裏，琥珀是化石化的樹脂。蚊子的身體也許含有恐龍DNA，來自它數千萬年前吸吮的恐龍血液。

我們是否可能找到一塊從未被人發現過的化石？

有可能！在2018年8月，科學家發現了一種生活在逾4億年前的英國，此前不為人知的蟲子。人們每周都會發現新化石，亦經常確認一些**新物種**。截至目前，我們已發現大約1,000種不同的恐龍，不過我們大概只發掘出所有曾經存在的恐龍品種中的一小部分。

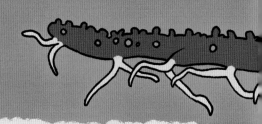

新物種

新發現的蟲子物種在英國一塊歷史有4.3億年的岩石中被發現。這種蟲子學名稱為Thanahita distos，那是一種類似蟲子的有腿生物。

英國多塞特郡西灣
侏羅紀海岸的懸崖

我在12歲時曾在英國多塞特郡度假，那時我發現了一塊三葉蟲化石。三葉蟲是一種常見的海洋物種，有點像一隻非常巨大的蜈蚣，大約於2億年前生存在地球上。

三葉蟲

我的**肚臍**
會通往哪裏？

凸肚臍和 凹肚臍

在臍帶被切斷後，殘餘的部分會掉落，然後會留下疤痕，這就是肚臍的來源。擁有「凸肚臍」的人只是比擁有「凹肚臍」的人有較多疤痕組織。

凸肚臍

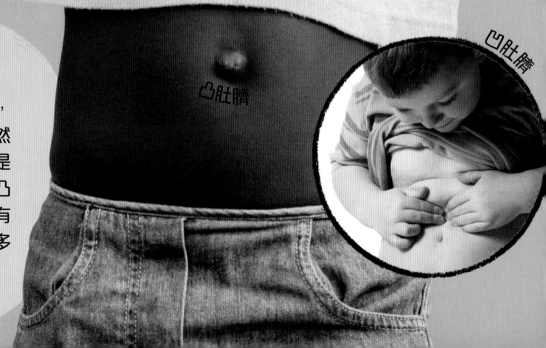

凹肚臍

肚臍不會通往任何地方，不過它曾經通往某個地方！當你仍在媽媽的**子宮**裏面時，唯一連接媽媽與你的就是你的臍帶。臍帶會從你的肚臍通往胎盤，那是一個依附在子宮內壁的器官。臍帶會從媽媽的胎盤運送血液到你的身體裏，提供你所需要的一切**營養**及氧氣來讓你健康成長，直至出生。你出生後，臍帶便會被切斷，留下的就是你的肚臍。

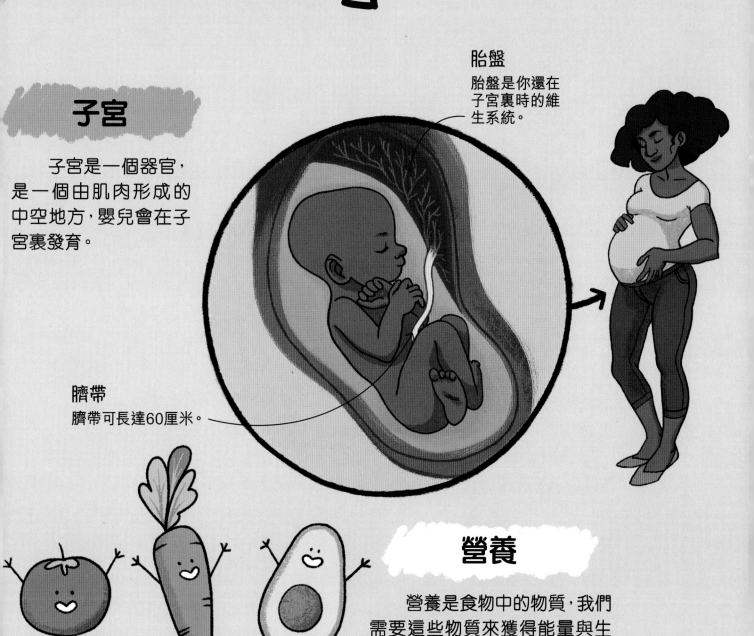

子宮

子宮是一個器官，是一個由肌肉形成的中空地方，嬰兒會在子宮裏發育。

臍帶
臍帶可長達60厘米。

胎盤
胎盤是你還在子宮裏時的維生系統。

營養

營養是食物中的物質，我們需要這些物質來獲得能量與生長。臍帶會從母親體內帶着富含營養的血液送給她的寶寶。

25

為什麼雪糕會融化?

所有物質都能以其中一種狀態存在,大部分都關乎溫度。非常冷的物質會變成固體,例如水會變成冰;當物質變暖,當中的分子移動會變快,物質會開始融化或變成液體;進一步加熱後,便會形成氣體,例如水蒸氣。有趣的是,當你將任何氣體放在高壓環境中,它會再次變成液體,即使它仍然是熾熱的。不同的物質會在不同的溫度中成為**固體**、**液體**和**氣體**。

雪糕大部分是由水組成,會在攝氏0度以上時融化。

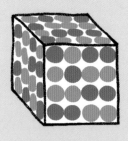

固體

固體擁有固定的形狀。它的分子會振動,而且幾乎不會改變位置。

液體

液體分子比固體分子分隔得較遠,讓液體能夠流動。

氣體

氣體分子分隔得更遠,並能夠自由移動,因此氣體總是會向外擴散。

電漿

電漿經常會在氣體變得非常熱,令電子從原子中脫離時形成。右圖就是電漿球或電燈中發生的情況。

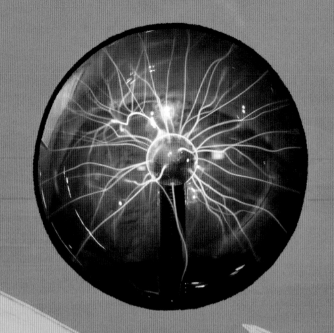

請翻到第58至59頁進一步了解分子。

「 火並不屬於物質3種狀態的任何一種。這是相當奧妙的問題,而解答也是一個難題。火其實是一種在熾熱氣體中發生的化學反應,這化學反應是發生於氧氣與正在燃燒的物質之間,這是第4種物質狀態,稱為**電漿**,往往是非常熱的。某程度上,火是最接近電漿的物質,電漿會在原子開始分裂成不同部分時形成。 」

火是固體、液體還是氣體?

27

磁浮列車是怎樣運作的？

假如你曾玩過磁石，你便會知道磁石相反的**磁極**會互相吸引，相同的磁極會互相排斥。當電流通過電線時，電線會變成電磁鐵。磁浮列車上強力的電磁鐵會與路軌上的電磁鐵互相作用，令磁浮列車『浮』在磁場上，並且不需要任何金屬導軌輔助也能一直留在路軌上。磁鐵推動磁浮列車前進，而因為列車沒有碰到路軌，因此列車是在**無摩擦力**的狀態，讓列車可利用較少的能源來高速行駛。

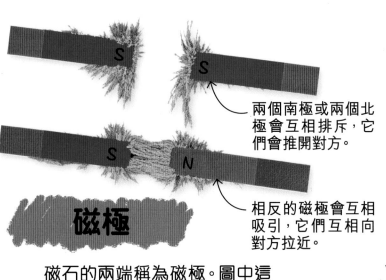

兩個南極或兩個北極會互相排斥，它們會推開對方。

相反的磁極會互相吸引，它們互相向對方拉近。

磁極

磁石的兩端稱為磁極。圖中這些磁石上的灰色鐵屑顯示出兩個磁極相遇時會出現的效果。

無摩擦力

摩擦力是一種力，它會向物體移動的相反方向拉扯令物體減慢。光滑的物體表面能互相滑過，形成較少摩擦力或無摩擦力。

溜冰鞋在冰上滑過，形成幾乎毫無摩擦力的表面。

磁浮列車光滑而流線形的車身有助它高速穿過空氣。

中國上海的磁浮列車

磁浮列車要怎樣停下來?

電流通過時,路軌上的電磁鐵會推拉列車上的電磁鐵,推動列車前行。要**剎車**時,電流方向會逆轉,令電磁鐵以相反方向推拉。

剎車

磁浮列車不像一般火車般擁有由活動式零件組成的剎車器。要減慢速度及停車,只需改變磁場的方向。

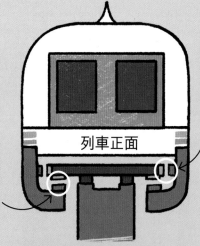

列車正面

這些電磁鐵會令列車浮在路軌上,推動列車向前及令它減慢。

這些電磁鐵會防止列車碰到路軌的邊緣。

當電流循其中一個方向流動,電磁鐵會互相作用,令列車加速。當電流向另一方向流動,磁場便會改變方向,令列車停下來。

蝴蝶會**記得**自己還是毛毛蟲時的事情嗎？

蝴蝶成長期間會經過**4個階段**——卵、幼蟲、蛹和成蟲。我對牠們還會記得3個早期階段中發生的任何事情存疑！

4個階段

4. 成蟲
長出翅膀的成年蝴蝶從蛹中鑽出來。

1. 卵
成年的雌性蝴蝶在植物上產下細小的卵。

2. 幼蟲
毛茸茸的幼蟲從卵中孵化，整天都忙着吃東西。

3. 蛹
幼蟲藏身在絲織成的蛹裏，身體發生變化。

蝴蝶怎樣**睡覺**？

蝴蝶實際上不會睡覺，牠們只會在晚上，或是白天裏陽光不足的時候，又或者陰涼、下雨或多雲的時候休息。有時牠們也會躲在樹葉之間或是頭下腳上地掛在樹枝上歇一會。

蝴蝶靜止不動，靜候溫暖乾燥的天氣到來。

絲

蜘蛛絲由蛋白質製成，它異常有彈性，亦是其中一種最強韌的天然物料。

黏稠的絲可以捕捉昆蟲。

絲會從蜘蛛腹部的孔洞中釋放出來。

蜘蛛網通常會形成幾何圖案，每縷絲都以規律的距離排列。

蜘蛛會在進食獵物前用絲包裹着獵物。

蜘蛛怎樣織出蜘蛛網？

不是所有蜘蛛都會織網，不過許多蜘蛛品種都會從它們腹部尖端裏的細小腺體中吐**絲**。每個腺體都能產生不同種類的絲，包括用來製造基本蜘蛛網的絲、捕捉昆蟲用的黏稠絲和包裹被俘獲獵物的細絲。蜘蛛常常會由一根長長『垂下』的絲開始織網，這根絲會在風中飄盪，直至它黏到附近的物體表面，例如樹枝。

我們怎樣可以**長高**一些？

> 　　**腦下垂體**是一個位於腦部下方的腺體，它會分泌出**生長荷爾蒙**，生長荷爾蒙隨着血液在身體裏循環流動，並令肝臟產生另一種稱為『生長因子』的荷爾蒙。這兩種荷爾蒙會刺激肌肉、骨骼及其他組織製造出更多細胞，從而令你的身體長大。

人類中的巨人

　　在某些罕有的情況下，腦下垂體可能會過度運作。至今人類史上最高的男子是美國人羅伯特·潘興·瓦德羅（Robert Pershing Wadlow），他生長至驚人的2.72米。這很可能是因為他的腦下垂體特別大，以致分泌出太多生長荷爾蒙。

腦下垂體

荷爾蒙是腺體製造的化學物質。它們就像信差，在你的血液中到處遊走，告訴不同的身體部分要做什麼。腦下垂體就是主要分泌荷爾蒙的腺體。

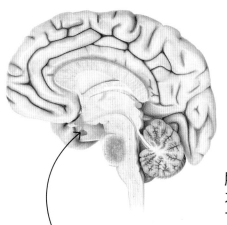

腦下垂體的大小約等同一顆青豆。

細小的腦下垂體位於腦部的底部，會分泌出8種重要的荷爾蒙。

生長荷爾蒙

腦下垂體每天會持續分泌生長荷爾蒙，大部分生長荷爾蒙會在晚間釋出，這些荷爾蒙會令你身體的細胞分裂增生。到你成年後，生長荷爾蒙分泌水平便會急劇下降。

什麼導致生長痛？

「　有些小朋友在晚上雙腿會疼痛不已，人們常會將這種疼痛稱為『生長痛』。生長痛的成因不明，不過大部分醫生認為它與生長其實毫無關係。非常活躍或是關節十分柔軟的小朋友，雙腿似乎更大機會在晚上會隱隱作痛。

不過除非有其他症狀同時出現，否則一般而言並不需要擔心生長痛。」

動物會怎樣**偽裝**自己？

竹節蟲看來就像一根樹枝！

獵豹

　　獵豹憑着帶有斑點的毛皮，可以融入背景。牠會小心地保持靜止不動，或是移動得非常緩慢，因為發現正在移動的動物要比找出保持靜止的動物容易多了。

變色龍

　　變色龍能夠改變皮膚的顏色與圖案以偽裝自己，或是向其他變色龍發出信號。

動物會偽裝自己，令自己與周遭環境混為一體，好讓牠們能躲開獵食者，或是悄悄接近獵物。會偽裝的動物身上擁有配合環境的色彩和圖案。以蟾蜍為例，牠們的身體是綠色與棕色的，就像森林的地面一樣，而**獵豹**身上的斑點則與樹木與草叢的陰影融合；部分鬣蜥與樹蛇是綠色的，以和樹葉相配。白色的**雪兔**在雪地中難以被發現；少數動物例如**變色龍**和八爪魚能夠在化學性質上改變皮膚的顏色，以配合牠們處身的不同環境。

雪兔

雪兔的毛皮在冬天裏會變得雪白。在夏天裏，牠的毛皮則會變成灰棕色，讓牠可隱匿在植物與岩石之間。

保持隱蔽

會偽裝的不只動物。圖中的攝影師也穿上迷彩裝，以近距離拍攝野生動物的照片。軍人也會偽裝起來，綠色與棕色的迷彩裝可讓他們隱藏在森林中，而淺棕色的迷彩裝則適合用於沙漠。

有沒有一種**強力磁石**能夠吸引我們血液中的鐵來拉動我們？

與鐵釘具有的**鐵磁性**不同，人類**紅血球**裏的鐵以不同的形態出現，根本難以擁有磁性。即使你身處最強大的**磁場**中，你也不會感受到任何牽扯。你的腦袋裏有數以十億計的神經纖維，會像電線一樣傳送電力。當電流通過這些纖維，便會在周邊產生磁場。我們有一些能夠偵測腦部努力運作時磁性增加的儀器；不過當你在學校裏嘗試解答艱深的數學題時，所產生的磁場實在太微弱，你和同學的頭部並不會因此而吸引在一起。

汽車裏的鋼會被磁石拉起，因為鋼裏含有鐵。

你並沒有磁性，你的身體裏只有大約3克鐵。

紅血球

這些血液細胞從一種叫血紅素的蛋白質中獲得紅色，血紅素含有鐵。當紅血球通過肺部時，血紅素便會收集氧氣。

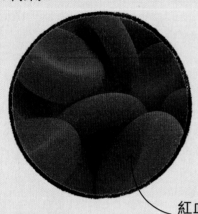

紅血球會帶着氧氣走遍全身。

廢車場使用的磁石是電磁鐵，它只會在有電流通過時才會產生磁性。

磁鐵礦擁有天然的鐵磁性，它會吸引含有鐵的物體，例如鋼針。

鐵磁性

部分金屬，例如鐵、鎳等，只要放置於磁場裏便會變得具有磁性，而且即使在磁場被除去，仍可保持磁性，我們會形容這些金屬具有鐵磁性。

磁場

每一塊磁石都會被磁場包圍。磁場是一個區域，令磁石可拉扯其他物體。這些拉扯的力會圍繞在磁石每一端的磁極周邊。

磁場是看不見的，但你只要在磁石周圍灑上鐵屑，便能看見磁場的效果。

你可回到第 28 至 29 頁重溫關於磁石的知識。

37

魔術貼怎麼能夠互相黏貼？

你也許可以用放大鏡看看兩片貼在一起的**魔術貼**。你會看見其中一片有細小的鈎，而另一片則有微型的圈。當兩片魔術貼壓在一起，小鈎便會抓住小圈，從而令兩片魔術貼黏在一起，這就是科學與工程學模仿大自然的例子。魔術貼是由瑞士工程師**喬治·梅斯倬**（George de Mestral）發明，每年出售的魔術貼長度超過5萬公里。

喬治·梅斯倬

1941年，喬治·梅斯倬出門散步時，察覺到他的長褲和愛犬身上都沾滿了帶有芒刺的小種子，他發現因為這些種子的表面有許多微小的鈎，所以可以抓緊衣服與毛皮。這個經歷給了他發明魔術貼的靈感，使魔術貼成為固定物件的新方法。

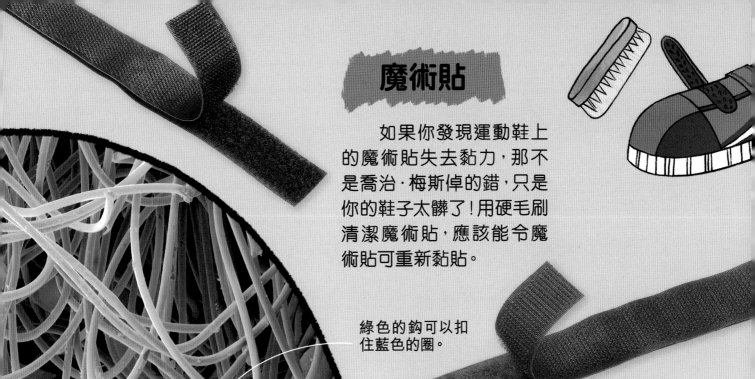

魔術貼

如果你發現運動鞋上的魔術貼失去黏力，那不是喬治·梅斯倬的錯，只是你的鞋子太髒了！用硬毛刷清潔魔術貼，應該能令魔術貼可重新黏貼。

綠色的鈎可以扣住藍色的圈。

太空時代的科技

魔術貼這種由鈎和圈組成的固定工具感覺好像不夠高科技來用於太空任務。不過在1960年代，美國太空總署發現魔術貼非常適合用來阻止物件在無重狀態下到處飄浮。曾經登陸月球的阿波羅任務太空人，身上的太空衣和頭盔上都有魔術貼。

39

蜜蜂怎樣知道自己要負責什麼工作？

「　這是一個引人入勝的問題。在我任職的英國倫敦帝國學院裏，有不少科學家仍在嘗試利用威力強大的顯微鏡及腦部掃描儀器來找出答案。**蜜蜂的腦部**很細小，不過蜜蜂能夠橫跨許多公里找出正確的方向，更能夠記得牠們曾經去過的地方。牠們亦擔任不同的**角色**，與其他蜜蜂合作建造結構複雜的蜂巢。」

蜂后
蜂后是蜂巢中唯一會產卵的蜜蜂，它每天可產下多達2,000顆蜂卵！

工蜂
雌性的工蜂負責採集花蜜及花粉、清潔蜂巢，以及照顧蜂后和年幼的蜜蜂。

蜜蜂的腦部

　蜜蜂的腦部比針頭還要細小，但蜜蜂能夠用牠們微細的腦部做到許多令人驚嘆的事情！

雄蜂
雄蜂是無刺的雄性蜜蜂，牠們的職責就是與蜂后交配。

角色

蜂巢裏不同種類的蜜蜂都有牠們各自的職責。

「蜂系昆蟲的**螫針**就像一根中空的針，上面長有倒鈎。可是蜜蜂一旦向你螫刺，牠便無法拔出這根螫針。因為當蜜蜂作出螫刺時，牠的螫針和部分內臟都會一同被扯出來，令蜜蜂死亡。不過只有蜜蜂會失去它們的螫針，而且只有雌性蜜蜂會螫人。」

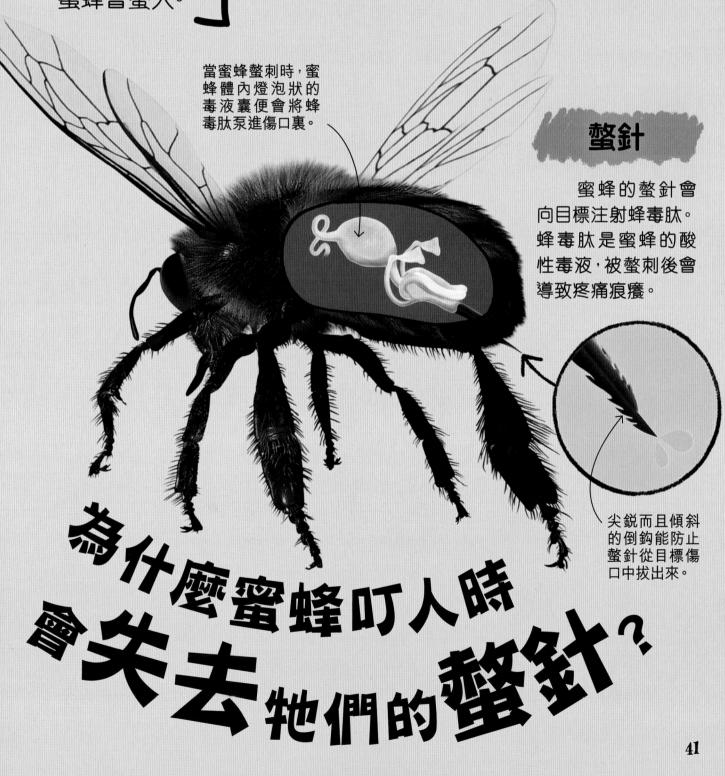

當蜜蜂螫刺時，蜜蜂體內燈泡狀的毒液囊便會將蜂毒肽泵進傷口裏。

螫針

蜜蜂的螫針會向目標注射蜂毒肽。蜂毒肽是蜜蜂的酸性毒液，被螫刺後會導致疼痛痕癢。

尖銳而且傾斜的倒鈎能防止螫針從目標傷口中拔出來。

為什麼蜜蜂叮人時會失去牠們的螫針？

我們的眼睛
怎樣令我們看見？

來自晶狀體的影像不會像在相機裏般穿透空氣，而是會經過一種水狀的液體，投射到視網膜上。

晶狀體會聚焦光線，把光線集合在一起，以在視網膜上形成影像。

視網膜

視網膜上的細胞能感受光，部分細胞還能感知色彩。

視網膜的影像是上下顛倒的，不過你的腦部會將影像轉回正確方向。

角膜

角膜是眼睛的透明外層，它非常敏感。即使非常輕柔地觸碰它，我們也會立即閉上眼睛。這是為了保護眼睛免受傷害。

視神經

這條大大的神經稱為視神經，它與腦部互相連接。

眼睛的前方有晶狀體和**角膜**，後方是細胞層，稱為**視網膜**。光線進入眼睛，穿過晶狀體並投射到視網膜上。當光線遇上視網膜，視網膜就會發出電子信號，沿着**視神經**傳送到腦部，告訴我們看見的是什麼。

為什麼人會眨眼？

眨眼可以保護脆弱的角膜，並把水狀的液體塗抹在角膜表面，令角膜保持濕潤。眨眼亦能清潔眼睛，防止塵埃帶來的刺激；當我們緊張時也會眨眼。魚類不會眨眼，因為牠們沒有眼瞼，牠們會以其他方式表現緊張的情緒。

光線會從你望着的事物表面反彈，並進入你的眼睛裏。

兩隻眼睛如何形成一個影像？

我們每隻眼睛所看見的事物都有些微差異。腦部會把來自兩隻眼睛的資訊結合起來，產生立體視覺。這也是我們能夠判斷事物相距多遠的方法。

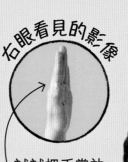

右眼看見的影像

試試把手掌放在面前，然後只睜開右眼看看你的手掌。

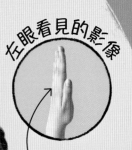

左眼看見的影像

然後你能發現只睜開左眼時，你所看到的手掌有點不一樣。

怎樣能令齒輪旋轉?

大齒輪轉動得較慢。

小齒輪轉動得較快。

輪齒

圖中的大齒輪共有20個輪齒,而小齒輪有10個輪齒。小齒輪轉動的速度會是大齒輪的兩倍,但只需大齒輪一半的力量。部分齒輪會以鏈條連接起來,例如單車上的齒輪組。

「　齒輪是一對有齒的圓輪,可互相拼合。當其中一個齒輪轉動時,它的**輪齒**會與第二個齒輪的輪齒連接嚙合,令第二個齒輪以相反方向轉動。如果兩個齒輪的大小不同,它們便會以不同速度旋轉。大齒輪能以較少力量令小齒輪轉得更快,而小齒輪要以更多力量來轉動大齒輪,但速度卻較慢。」

升降機
是怎樣運作的?

升降機以電動摩打驅動,利用齒輪、**滑輪**和鋼纜牽動載客機廂上下升降。在綱纜的另一端連接着**對重裝置**,對重裝置會在機廂下降時上升,在機廂上升時下降。電子按鈕可以控制升降機啟動及停止,安全制動器就可以防止機廂在升降機故障時墜落。

滑輪

滑輪是一個被一根繩子圍繞的輪子,它能藉由改變施力的方向,令人可較輕易地搬運沉重的物件。拉扯繩子的一端會令另一端的物件升起。

電動摩打

滑輪

對重裝置

升降機機廂

對重裝置

對重裝置藉由向升降機的相反方向移動來平衡機廂的重量,有助減少升起機廂時所需的能量。

45

為什麼雀斑會在你的臉上一點點地出現？

你可在第86至87頁進一步了解皮膚。

黑色素

表皮是皮膚的保護層，黑色素從表皮深層分泌出來，並傳送至皮膚表面。

皮膚表面

表皮

當皮膚長時間曝露在太陽下，它會慢慢變成棕色。這種棕色的色素稱為**黑色素**。皮膚中負責製造黑色素的細胞稱為黑色素細胞，它們被陽光照射後便會活躍起來。擁有一身古銅色皮膚的人，黑色素細胞會平均分布在皮膚上，有些人則擁有聚成一團團的黑色素細胞，令這些細胞不均勻地分泌黑色素，因此曬太陽後，這些人便會長出雀斑，他們也要提防被**曬傷**。據知雀斑大多會在家族中傳播，毫無疑問這很可能與**基因**有關。

曬傷

如果你會長雀斑，在太陽下活動時便要特別小心，因為你的皮膚沒有足夠的黑色素去保護你免被曬傷，所以你一定要塗上太陽油、戴上帽子、撐傘遮陰。

基因

基因是一些由你的父母傳遞給你的指令。由皮膚與眼睛的顏色，到你有多高，你的樣子如何，到你的身體怎樣形成，全都關乎你的基因。

媽媽

雀斑、頭髮的顏色，還有你的頭髮是直還是曲的，這些只是其中3種由你父母遺傳的基因所決定的身體特徵。

爸爸

奧利維亞

奧利維亞的頭髮像爸爸一樣是筆直而淺棕色的，她像爸爸一樣長有雀斑。

諾亞

諾亞的頭髮像媽媽一樣又黑又鬈曲。他也像爸爸一樣長有雀斑。

潔思敏

潔思敏的頭髮像媽媽一樣鬈曲。她像媽媽一樣沒有雀斑。

當小水點聚集在一起並變得太沉重時,它們便會墜落,成為雨水。

為何雨水沒有鹹味?

水循環

水不斷在陸地、河流、海洋和天空之間移動,這個過程稱為水循環。

雨水回到大海。

河流不會變得非常鹹,因為雨水會不斷落入河流。

早晨的霧通常會隨着太陽令空氣變暖而消散。

霧是怎樣形成的?

霧是在地面附近形成的雲。當含有水蒸氣的温暖空氣在地面附近冷卻,温度下降令水蒸氣變成微細的小水點,便會形成懸掛在低空中的霧。

雨是由純水形成，這些水大部分從海洋蒸發，然後冷卻形成小水點。當小水點積聚成雲，便會導致降雨。這是**水循環**的一部分，來自太陽的熱力會導致水分**蒸發**，但鹽會繼續溶化在大海裏。雖然雨水沒有鹹味，但可能仍與飲用水的味道不同，因為當雨水降下時會經過大氣層，雨水就會沾上塵埃及其他粒子。

太陽

蒸發

當水蒸發時，它會由液體變成一種稱為水蒸氣的隱形氣體。當水蒸氣變回液體時，我們稱為凝結。

雲由微細的小水點組成。由於這些小水點非常細小，所以能夠在空中漂浮。

來自大海的水蒸氣在空中冷卻，並凝結成雲。

植物從地下吸收水分，並從葉子釋出水蒸氣。

為什麼海水是鹹的？

鹽(氯化納)是一種最常見的礦物質。鹽天然地存在於岩石中，而且易於在水中溶解。下雨時，雨水會溶解岩石中的鹽，並把這些鹽沖刷進河流中，然後河流就會把鹽送到大海裏。

來自海浪的鹽在這根木頭上結晶了。

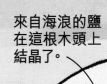

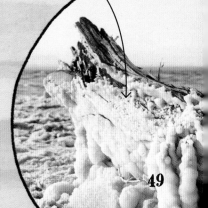

49

小狗會哭嗎？

「 生物學家認為，只有人類會真正流出**眼淚**。小狗不會哭，儘管牠們的眼睛看來也許是水汪汪的；與我們最接近的親屬猿猴也不會哭。不過，動物當然會有感受，也會展現自己的**情緒**。兔子、小狗，還有大部分哺乳類動物都會發出各種各樣的聲音來表達痛苦、焦慮或哀傷。」

人類的情緒

圖中的小朋友非常清晰地展示了自己的感受！美國科學家保羅·艾克曼（Paul Ekman）曾說人類的面部表情能表現6種主要情緒，分別是快樂、驚訝、哀傷、憤怒、厭惡和恐懼；全世界的人都會用類似的表情來顯示這些情緒。

哀傷

驚訝

快樂

憤怒

人一生中流的眼淚足以用來泡個澡。

眼淚

根據計算，一個人一生中平均會流出大約65公升的眼淚。假如他們與數個總是惹惱他們的弟弟或妹妹一起長大，他們流出的眼淚可能會再多一點！

情緒

大部分動物都不會像我們那樣在臉上展現情緒，但是牠們發出的聲音能讓我們一窺牠們的感受。猴子會吱吱叫，而貓咪會發出嘶嘶的聲音來表達牠們感到不高興，或是警告他人不要靠近。

吱吱！

嘶嘶！

鼻屎是怎樣進入我的鼻子？

「　鼻屎是在你鼻子內部脫落的已死細胞，加上半乾的**黏液**及稱為細菌的一羣微小生物混合而成。鼻屎之所以有深沉的顏色，是因為我們**呼吸**的空氣中有塵埃，而這些塵埃被鼻毛困住，然後混入到鼻屎裏。鼻屎也可能是綠色或偏藍色，因為我們被擁有那種顏色的細菌**感染**了。」

呼吸

當你呼吸時，你的身體最怕有塵埃跑進你的肺部，這就是為什麼鼻屎如此重要！

感染

當身體受感染時，我們會經常打噴嚏或咳嗽，以除去含有病毒的黏液，這有助我們的身體擺脫感染。

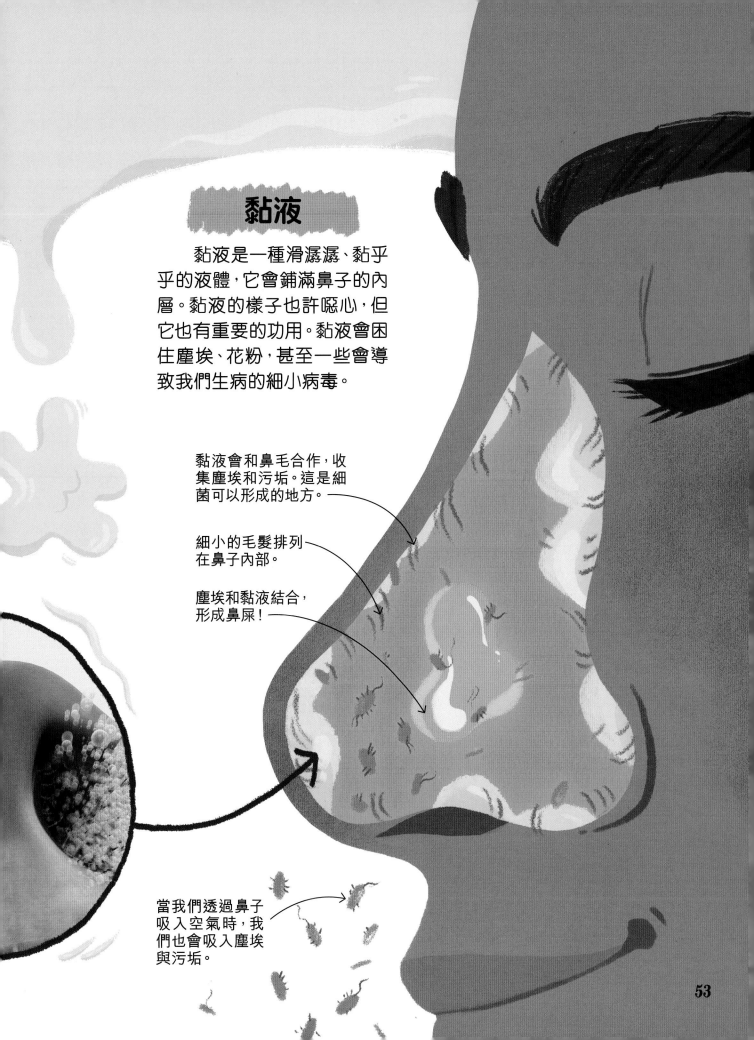

黏液

黏液是一種滑濕濕、黏乎乎的液體，它會鋪滿鼻子的內層。黏液的樣子也許噁心，但它也有重要的功用。黏液會困住塵埃、花粉，甚至一些會導致我們生病的細小病毒。

黏液會和鼻毛合作，收集塵埃和污垢。這是細菌可以形成的地方。

細小的毛髮排列在鼻子內部。

塵埃和黏液結合，形成鼻屎！

當我們透過鼻子吸入空氣時，我們也會吸入塵埃與污垢。

為什麼太陽會爆炸並令我們滅絕？

太陽

太陽是一顆恆星。恆星是一大團被重力吸引在一起的熾熱球型氣體，主要由氫氣和氦氣組成。恆星有不同大小，它們的溫度、顏色、亮度，以及含有的物質亦各有不同。

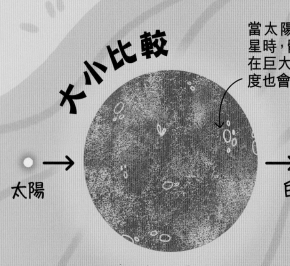

大小比較

當太陽變成紅巨星時，體積會比現在巨大很多，但溫度也會低很多。

太陽 ➔ 紅巨星 ➔ 白矮星

紅巨星

紅巨星是一顆耗盡氫燃料的小型至中型大小的恆星。由於缺乏氫氣，恆星的外層會被往外推，令恆星膨脹很多倍而發展成一顆紅巨星。

只有非常巨大的恆星會以大型爆炸來結束生命，而好消息是我們的**太陽**只是個中型大小的恆星，所以不會爆炸！不過當太陽的燃料耗盡，它會膨脹起來，變成一顆**紅巨星**，然後它的外層會被吹走，留下一個光線微弱、逐漸冷卻的核心，稱為**白矮星**。沒有人知道這過程確實會在什麼時候發生，不過最少在未來數十億年裏都不會發生，所以我們不大可能會因此而滅絕，直到你的曾曾曾曾曾孫畢業為止！

請翻到第88至89頁了解更多關於太陽的知識。

滅絕

滅絕意指物種的個體已全部死亡，永遠不再存在。舉例來說，恐龍大約在6,600萬年前滅絕了。

恐龍很可能是在一顆巨型隕石或太空岩石撞擊地球後滅絕了。

白矮星

白矮星是像太陽般的恆星生命的最後階段，它是紅巨星崩坍後留下來的核心。白矮星仍然很熾熱，而且密度非常高，它們會繼續微弱地發亮數以十億年的時間。

為什麼水母的觸手不會打結？

觸手

水母的觸手會在水流中自由地漂浮，它們會螫刺、抓捏及拖拉獵物。

「　　水母的**觸手**很少會纏成一團。即使牠們沒有腦部，牠們也能辨認出自己的細胞，不會螫傷自己或其他同一品種的水母。此外，水母身上布滿具保護性的**黏液**，讓牠們保持滑溜溜的，有助牠們保護自己。不過，有時候當水母生病了，或是身處沒有合適水流的水中時，牠們就可能會打結。但我不會嘗試解開牠們，你呢？」

黏液

水母身體被滑潺潺的黏液覆蓋，有助保護水母免受感染。

生病的水母無法解開被自己纏住的自己，可能會把打結的觸手扯斷。

魚類一般對光非常敏感，因此牠們能在非常**昏暗的光線**中看東西。在海洋深處，海水會過濾波長較長的光線，只留下藍光，那正是魚類特別適應的光線。在非常深的水域裏，可能完全沒有光，不過許多深海魚都會**發光**，牠們能夠自行製造光。大部分魚類亦對振動很敏感，因此牠們也會利用身體側面的器官來感測活動或水壓的變化。」

魚類在晚間怎樣看東西？

昏暗的光線

白天裏，陽光無法抵達水面200米以下的地方，而月亮和星星在晚上只能稍微照亮水面。

這尾長滿利齒的鮟鱇魚利用一個會發光的誘餌，在黑暗中吸引獵物接近。

發光

有些深海魚會以特殊的化學物質製造光，而部分深海魚體內有會發光的細菌存活。

空氣中的**分子**怎樣產生氣壓？

氣壓是**大氣層**壓着你的重量。空氣主要成分是氮和氧，組成空氣的氣體分子也許微細得不可思議，但由於每一個分子都有微小的質量，地球的重力仍然會令它們有重量。大氣層裏數量龐大的分子結合在一起的重量，會壓向下方所有的事物，包括我們。地平面的氣壓最高，因為上方有大量沉甸甸的空氣；你身處的地方越高，空氣就越少，因此氣壓也越低。

在高山上，空氣分子較分散，因此氣壓較低。山上的空氣較稀薄，因此我們會覺得有需要更快速地呼吸，獲得足夠的氧氣。

大氣層

大氣層裏的空氣分子會不停移動，互相碰撞，亦會撞上它們周圍的所有事物。

空氣分子在地平面會緊密地擠在一起，因此氣壓亦較高。

一枚硬幣裏有多少顆原子？

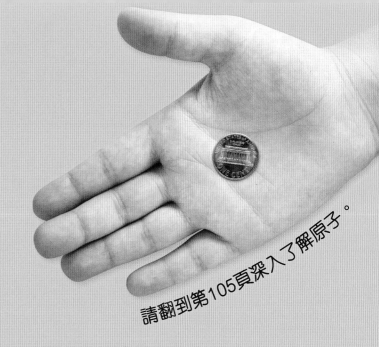

請翻到第105頁深入了解原子。

「　　一枚英鎊一分硬幣的重量大約是3.6克。不過我選擇以美元一分硬幣為例子，因為它比較輕，重量只有約2.5克，計算時會容易一些。美元一分錢含有鋅和銅。它擁有2.24×10^{22}顆鋅**原子**和5.92×10^{20}顆銅原子，共有200,000,000,000,000,000,000,000顆原子。我承認這個數量只是近似值，因為我花了相當長的時間點算所有原子，而原子那麼小，我可能重複點算了部分原子！」

原子

原子是構成宇宙中萬事萬物的基礎單位，原子裏會有電子高速圍繞原子核運行。

原子核

電子

為什麼 朱古力 如此美味？

朱古力是一種**高能量**食物。它含有興奮劑，會影響我們的大腦，令我們感覺愉悅。大約10萬年前，**遠古人類**在非洲平原上生活時非常易受傷害。他們移動速度緩慢，並且只有軟弱的牙齒和非常鈍的爪子。那裏的食物極其稀少，因此他們會進食一些能為身體提供能量，支撐他們直至下一次進食為止的食物。時至今日，我們仍然會渴求如朱古力的高能量食物，即使我們並非真正需要這些食物。

高能量

我們從3種主要的營養素來獲取能量，分別是蛋白質、脂肪和碳水化合物，這3種營養素全都可在朱古力裏找到。

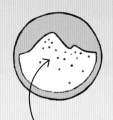

糖是一種碳水化合物，可可豆裏亦含有碳水化合物。

牛奶含有豐富的蛋白質，常常被加入朱古力裏。

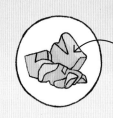

可可脂是一種脂肪。

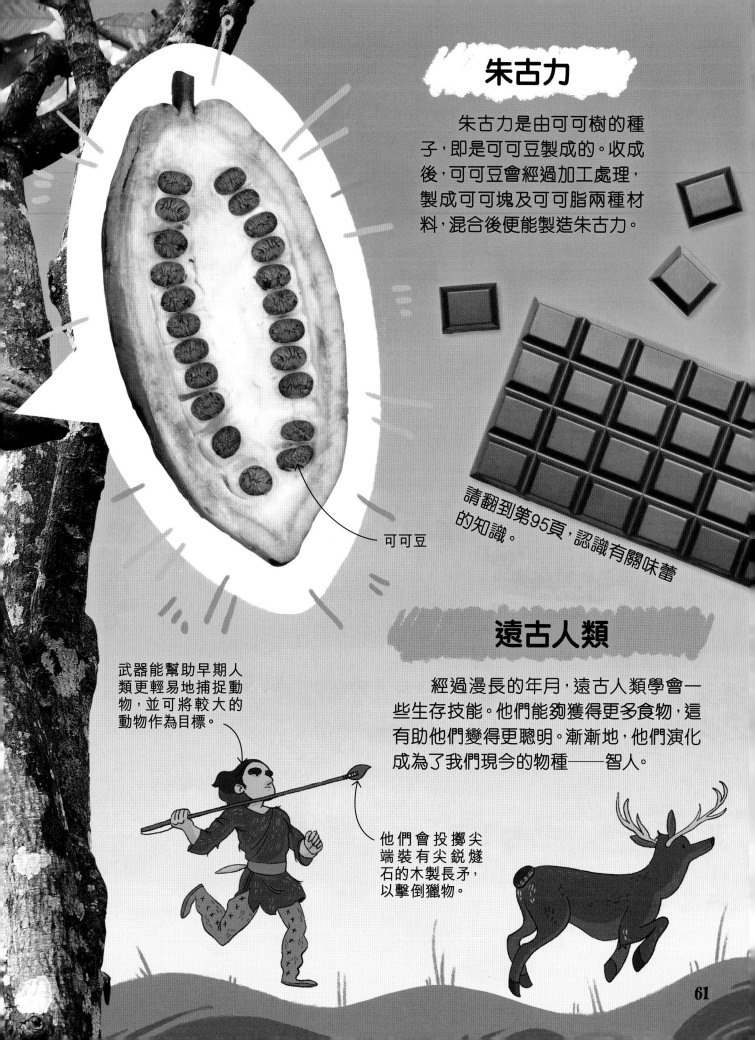

朱古力

朱古力是由可可樹的種子，即是可可豆製成的。收成後，可可豆會經過加工處理，製成可可塊及可可脂兩種材料，混合後便能製造朱古力。

可可豆

請翻到第95頁，認識有關味蕾的知識。

遠古人類

經過漫長的年月，遠古人類學會一些生存技能。他們能夠獲得更多食物，這有助他們變得更聰明。漸漸地，他們演化成為了我們現今的物種——智人。

武器能幫助早期人類更輕易地捕捉動物，並可將較大的動物作為目標。

他們會投擲尖端裝有尖銳燧石的木製長矛，以擊倒獵物。

61

當電力在電線中流過時，它看起來是什麼模樣的？

「　電力是流動的電子，電子是原子的其中一個微細得無法看見的部分。不過，你可以看見電力的效果。如果一股強力的電流通過一根幼細及沒有被包覆的電線，電流便會遇上阻力，而電線可能會變熱；當電線變得非常熱，便會開始發亮，變成紅色或白熱化。**火花**亦能顯示電力的活動。」

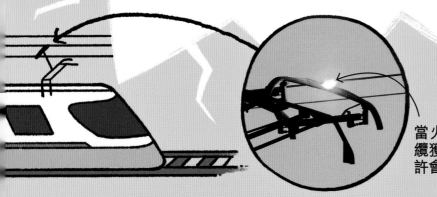

當火車從架空電纜獲得電力時，也許會爆出火花。

火花

火花就像迷你閃電，強大的電力影響空氣中的微小分子，令分子發亮。

電力是怎樣進入人體並令人觸電？

當我們與衣服等物件互相摩擦時，電子便可能從物件轉移到我們身上，這會形成靜電的電荷。人體是良好的**導電體**，即是電力能夠輕易地流過我們。因此如果我們觸摸其他人，這些電荷可能會越過我們抵達他們身上，形成一股微弱的**電流**，導致輕微觸電。永遠不要輕忽地處理電力，因為突如其來的嚴重觸電可以令你的皮膚燒傷，甚至令你的心臟停頓。

導電體

良好導電體

我們體內含有大量帶有鹽分的水，這些鹽水能順暢地傳遞電力。另外，大部分金屬也是良好導電體。

不良導電體

不會傳遞電力的物料，例如橡膠，我們稱為絕緣體。

電流

電流是一連串移動中的電子。當你將一個燈泡與電池連接時，電流便會透過一根電線流到燈泡裏，令燈泡發光。

我們觸碰其他人時發生的觸電會令我們嚇一跳，但那不會太痛。

乳酸

當我們特別賣力地活動肌肉時，乳酸便會令我們產生燒灼般的痛感。這種痛楚的感覺會令我們放慢或完全停止運動，以免肌肉受損，並讓身體能夠恢復過來。

一段漫長的單車之旅會令單車手的雙腿累積許多乳酸。

做運動時，葡萄糖會與氧氣結合，產生能量來推動我們的肌肉活動。當肌肉變熱，耗盡血液裏所有供給肌肉的氧氣，葡萄糖便會分解成**乳酸**。這可能會導致你在運動時感到疼痛，不過運動後出現的痠痛就可能是由其他東西導致。假如你認為這很複雜，不要緊，因為科學家也有同感！

為什麼做運動時，我的**肌肉**會疼痛？

為什麼我的哥哥做運動時會發出臭味？

「那些臭味是由依靠你哥哥的汗液為生的**細菌**所產生的。視乎他的年齡不同，你哥哥的身體裏面或表面也許有超過40萬億顆細菌生存。童年過後，皮膚上的細菌會增加，而當中許多都喜歡潮濕、隱蔽的地方，例如青少年的腋下或雙腳。試試請你哥哥洗澡時用肥皂清潔吧，如果他不肯，你可以在他運動後把他趕到花園去，然後用水喉把他徹底沖洗乾淨。」

細菌

細菌是微細的生物，每顆細菌都只由一個細胞組成。有些細菌對我們有害，不過那些在我們的皮膚上，或是在我們的呼吸道及腸道裏生活的細菌，其實能幫助我們保持健康。

65

有，世界上有幾種企鵝已經滅絕了。其中一種名叫**古冠企鵝**，牠們大約生活在4,000萬年前。古冠企鵝又稱為巨人企鵝，這種體形龐大的鳥類平均大約高1.6米，重約115公斤。古冠企鵝是在2014年由正在南極的阿根廷科學家發現。**劍喙企鵝**是另一種已經滅絕的南極巨無霸。在南極地區研究化石的專家阿科斯塔（Carolina Acosta）說，那曾是『企鵝的美好時代，多達10至14種企鵝在南極洲沿岸一同生活。』

世界上有沒有已經

1.3米

南方的鳥類

時至今日，野生的企鵝只會在南半球棲息。最巨大的一種是皇帝企鵝，牠們生活在南極洲。

1.2米

0.6米

即使體形最大的成年皇帝企鵝，體重亦不及古冠企鵝的一半。

滅絕的企鵝品種？

科學家認為，古冠企鵝潛到水中捕魚時，也許能夠留在水下40分鐘，這比今天的紀錄保持者皇帝企鵝的成績還要長15分鐘。

劍喙企鵝

古冠企鵝被發現前，世上已知體形最大的已滅絕企鵝品種就是劍喙企鵝。牠比古冠企鵝矮一點點，體重大約90公斤。

1.6米

一盞燈怎麼會發亮？

當電力流經燈泡內的電線時，電線會變熱並發光。因為那種名為燈絲的電線非常幼細，會抵抗電流通過，把電能變為熱和光。燈絲通常會以一種名為**鎢**的金屬製成，它在極高的溫度中會融化。為了防止燈絲被燒斷，燈泡內的所有氧氣都會被除去。那些氧氣會以一些不會產生化學反應的惰性氣體所取代。有些燈泡會注滿**鹵素**氣體，例如碘或溴。

LED燈

發光二極管(英文簡稱LED)會在電流通過稱為半導體的物料時發光。採用LED的燈泡比其他種類的燈泡更高效能，因為它的壽命更持久，使用的電量更少，因為LED燈泡只有非常少的能量會變為熱能而流失。

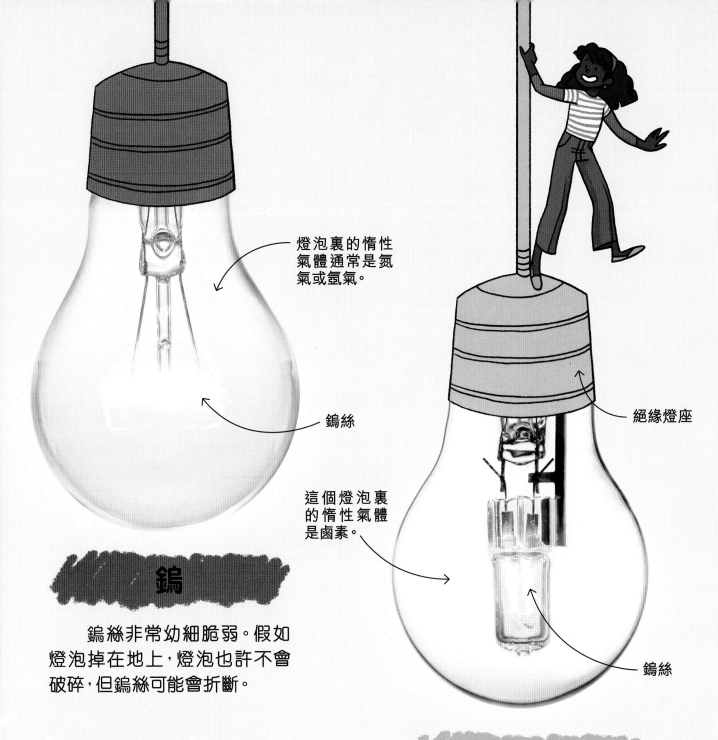

燈泡裏的惰性氣體通常是氮氣或氬氣。

鎢絲

絕緣燈座

這個燈泡裏的惰性氣體是鹵素。

鎢絲

鎢

鎢絲非常幼細脆弱。假如燈泡掉在地上,燈泡也許不會破碎,但鎢絲可能會折斷。

鹵素

在燈泡裏使用鹵素氣體有助保護燈絲,鹵素燈泡的壽命大約是其他燈泡的兩倍。

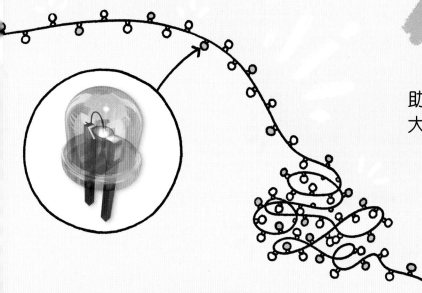

其實化學物質混合時通常不會發生爆炸，你可以試試將食鹽(氯化納)加進醋(醋酸)裏，大概什麼事都不會發生，只是味道不會太好！要發生爆炸，化學品之間必須產生**劇烈反應**。這個過程中會釋出能量，通常是熱能，還會出現由反應發生前的固體或液體分子所形成的氣體。當氣體產生並受熱，便會**急速膨脹**，並且導致爆炸。

為什麼化學品混合

劇烈反應

化學反應是指兩種或以上的物質混合在一起，並產生化學變化。可樂的氣泡是由溶在可樂中的二氧化碳所形成，將薄荷糖扔進健怡可樂中，內裏的氣泡會形成得比普通可樂更快，快得會令健怡可樂從瓶子裏噴出來！

由可樂與氣泡組成的泡沫噴泉從瓶子裏湧出來。

在一起時會爆炸？

3. 轟然爆炸
升空後煙花筒裏裝着的火藥就會爆炸，七彩斑爛的火花是由稱為金屬鹽的化學物質燃燒而產生的。

2. 呼嘯升空
當引線點燃了小量火藥，熾熱的空氣便會令火箭發射升空。

1. 嘶嘶作響
點燃後，嘶嘶作響的引線會提供熱力來觸發化學反應。

請翻到第102至103頁，找出火山會怎樣爆發。

急速膨脹

煙花裏含有火藥。點燃後，火藥便會與空氣中的氧氣產生化學作用，產生大量熾熱的氣體及迅速膨脹，並導致爆炸。

有氣體，但無爆炸！

你加進麵糰中的酵母會分解麵粉裏的澱粉質，並產生由二氧化碳形成的氣泡，氣泡會令麵糰在烘烤前膨脹。幸好這是一個緩慢的化學反應，否則烤麵包便會變成非常危險的事情了！

宇宙裏有多少個星系？

哈勃太空望遠鏡花了很長的時間拍攝一小片天空，以收集來自可見宇宙邊緣的微弱光線。它在那個細小的範圍裏找到10,000個星系。從哈勃太空望遠鏡的觀測中，天文學家估計整片天空中大約有1,000億至2,200億個星系。新的研究指出，宇宙裏還有更多我們無法以望遠鏡觀測到的星系，而真正的星系總數大約有 2兆（2萬億）個。

星系

星系是一大組被引力牽引在一起的星體。最大的星系IC1101大約比我們的銀河系大50至60倍。

哈勃太空望遠鏡

哈勃太空望遠鏡在地球大氣層的上方運行，能夠比地面上的望遠鏡拍攝出更清晰的照片。

太陽系多少歲了？

科學家憑藉隕石中的岩石年代，推斷出**太陽系**大約有46億歲了。

太陽系

太陽系的8個行星，是由太陽形成後遺留下來的物質所形成的。

太陽
木星
水星
地球
金星
土星
火星
天王星
海王星

隨時間過去，地球會收縮、膨脹還是維持同樣大小？

我們認為，地球將維持大約相同的大小。從地球的半徑觀察，目前地球正以輕微的幅度變大中，大約每年增加0.1毫米。

恐龍有翅膀嗎？

嚴格而言，大部分恐龍都沒有翼，不過恐龍的部分爬行類近親就長有翼。最為人熟悉的類恐龍生物是**翼手龍**，牠的翼展開後，兩端相距的長度約為1米；另一種有翼的爬行類動物**風神翼龍**更令人驚歎。牠的翼

風神翼龍全身
披滿羽毛。

風神翼龍

這種巨型的飛行爬行類動物
存活於大約7,000萬年前，會把細
小的恐龍當作小點心！

展可長達15米，比一輛雙層巴士還要長一點。風神翼龍擁有一個巨大的喙，牠單是要起飛便需要許多能量。風神翼龍會藉由騰空滑翔飛行，科學家認為牠的最高速度可超過每小時80公里。

翼手龍的翼又長又有力。

翼手龍

這種爬行類動物的第4指特別長，以支撐每隻翼。牠的學名在希臘文意指為「有翼的手指」。

鳥類

你知道嗎？有些恐龍的親屬到現今仍然存在，牠們就是鳥類！鳥類是一些細小、長有羽毛的恐龍的後代。

9歲的孩子在碩大的風神翼龍旁邊會顯得極度矮小。

為什麼我們需要腦袋？

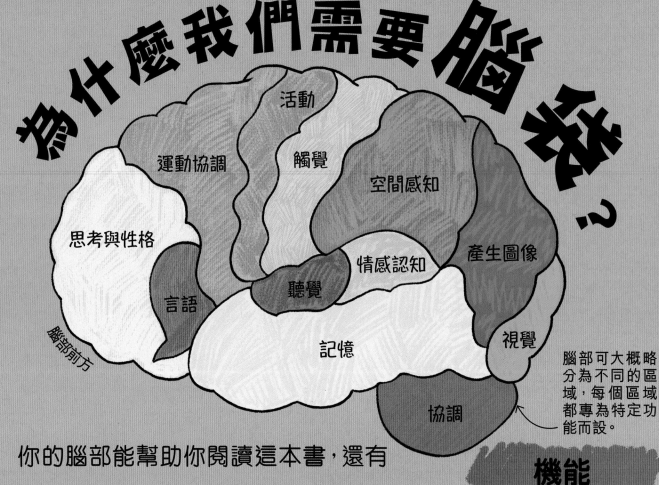

活動

運動協調

觸覺

空間感知

思考與性格

情感認知

產生圖像

言語

聽覺

視覺

記憶

腦部前方

協調

腦部可大概略分為不同的區域，每個區域都專為特定功能而設。

你的腦部能幫助你閱讀這本書，還有去看東西、思考、想像、找出答案及記憶。腦部控制了身體的各種**機能**，例如心跳和呼吸。你的腦部也會幫助你感受到溫暖、疼痛、觸感等，還會感受各種情緒，例如傷心、快樂和憤怒。不過不是所有動物都需要腦部，有些**海洋生物**沒有腦袋也能生存。

機能

一些複雜的機能，例如思考、記憶、說話和活動，都是由大腦皮層控制的，皮層就是大腦皺皺的外層。

海洋生物

海鞘像蝌蚪一樣會游來游去，牠細小的腦袋能幫助牠看東西和移動。成年後，海鞘會附着在岩石上，並吃掉自己的眼睛、主要的神經，還有腦部，然後只靠一張嘴巴及一個胃來生存下去！

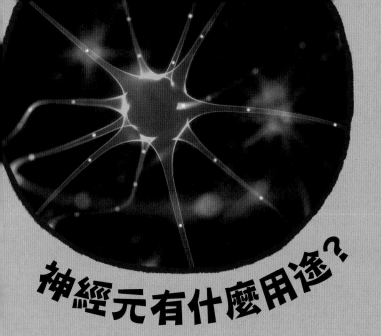

神經元是負責傳導電力的神經細胞，能幫助你活動及感覺。你的腦部大約擁有800億個神經元，它們全部連接在一起，助你思考、活動及執行你身體中不可或缺的機能。

神經元有什麼用途?

不可能，因為腦部將無法獲得血液供應，沒有養分，也沒辦法與機械人連接起來，甚至與電線連接也不可能。不過誰曉得呢？也許100年之後這件事將成為可能呢。

我們能把人類腦部移植到機械人裏嗎?

月球的重力會牽扯海洋。

漲潮

月球怎樣影響海洋的潮汐？

「　潮汐是由於月球的**重力**作用影響地球海洋而產生的。重力在地球向着月球的一面最強，重力會把該處的大海拉扯至突起，導致潮漲。同時在地球的背面月球的重力較弱，大海就會向另一面隆起，造成第二處潮漲。潮退在月球重力最弱的時候出現。隨着地球自轉，地球上的每個海洋大約每24小時便會有兩次潮漲及兩次潮退。」

退潮

請翻到第89頁進一步了解月球。

潮漲

潮退

潮汐

地球的自轉與月球的位置會導致潮汐漲退。潮漲時，海水會湧向陸地，然後覆蓋地面；退潮時，海水會退卻，重新讓地面露出來。

重力

重力是物體之間一種隱形的力。月球的重力會強力拉扯地球的一邊，另一邊的拉扯則較弱，令海洋隆起，形成地球相對兩側的潮漲。地球的重力較月球的重力大，這令我們的海洋留在恰當的地方。

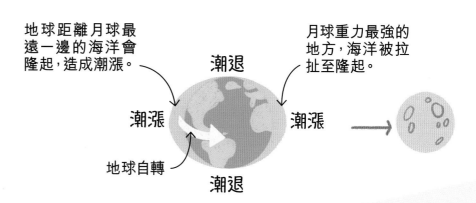

地球距離月球最遠一邊的海洋會隆起，造成潮漲。

潮退

月球重力最強的地方，海洋被拉扯至隆起。

潮漲

潮漲

地球自轉

潮退

79

為什麼你搔自己的癢

「　　當你給自己**搔癢**時，你需要移動自己身體的一部分，你的**腦部**會控制這個動作，因此它知道你將要做什麼，並知道將會有什麼感覺。但是當你被其他人搔癢時，一定會有意外或不確定的元素，讓你的腦部無法預測。腦部中經常預測自身活動的部分稱為小腦，可是它不知道坐在你身旁的人將要做什麼。」

搔癢

　　有些專家認為，我們變得怕癢是為了改善自我防衞的技巧。我們發展出一些身體自動作出的動作，稱為反射動作，來保護坦露的身體部分。有些人則認為，被搔癢時大笑有助人類形成一種親近的關係。

不會覺得癢？

運動皮層

小腦幫助你控制
自己的活動。

腦部

　　靠近腦部前方的部分
稱為運動皮層，它控制你
的隨意肌（受你意識控制
的肌肉）。除此以外，小腦
能助你平衡，確保你的肌
肉互相合作，讓你能流暢
並協調地活動。

怕癢區

脖子

腋窩

腹部兩側

腳板

　　人們身體的不同位置都
可能會怕癢，圖中的是最普遍
的怕癢區。有些人還未真的被
搔癢便會開始發笑！

鳥類是怎樣飛行的？

幼細和中空的骨骼讓鳥類的身體更輕盈。

鳥類有非常強壯的胸部肌肉，因此牠們能夠拍翼騰飛。

鳥類的身體纖瘦且呈流線形，讓牠們可輕易地在空中穿梭。

鳥類的**翅膀**上方是略為彎曲的，但下方就比較平坦。這代表當鳥類拍翼或**滑翔**時，翅膀上方的空氣要比下方的流得更遠，這令翅膀上方的氣壓降低，形成一種稱為升力的向上動力，幫助牠們飛行。

翅膀

鳥類只要拍動翅膀就能把牠們帶上空中，並推動牠們前進。長而硬挺的羽毛會推開空氣，提供額外的升力和推動力。

翅膀上下的氣壓差異會產生升力。

翅膀上方的氣壓較低。

翅膀下方的氣壓較高。

尾羽能幫助鳥類控制方向及煞停。

滑翔

擁有長翅膀的鳥類只需偶爾拍動翅膀，就能夠滑翔一段長距離；這種飛行方式能節省能量。

人類會飛嗎？

「人類一直渴望飛翔。由很早的年代開始，人類便曾經在手臂綁上自製的翅膀，並在山頂上拚命拍動，試圖起飛。然而我們比鳥類肥胖，我們的骨骼又不是中空，而且我們的胸肌也軟弱無力，因此從山上跳下去，只會得到非常可憐的結果。如今的人類能夠飛行，只是因為我們碰巧想到製造飛機的聰明主意。」

海鷗能夠從陡峭的懸崖上起飛，升到空中。

鷹經常隨着上升的氣流滑翔騰飛，稱為翱翔。

83

飛機怎麼能飛得如此**快**？

你可以回到第82至83頁，重溫鳥類怎樣飛行。

飛行歷史

萊特飛行器

1903年，在美國北卡羅萊納州的小鷹鎮屠魔崗，萊特兄弟的第一架雙翼飛機實現了第一次引擎動力飛行。它的第一次飛行之旅只在12秒內輕輕一躍了36.5米。

Curtiss Robin J-1

這架由螺旋槳推動的飛機於1928年實現第一次飛行。1929年，它以17天半的飛行時間，創下了當時飛機最長的飛行紀錄。其傾斜的螺旋槳葉片降低了飛機前方的氣壓，令飛機前進。

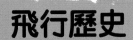

X-43A

美國太空總署開發的X-43A無人噴射機在2004年創下最快的飛行器紀錄，其速度高達接近每小時11,300公里。

阻力

阻力是一種由空氣引致令飛機減慢的力,它是由飛機向前飛時的摩擦力所產生的。

噴射引擎

當噴射飛機燃燒燃料時,熱空氣會從引擎的後方噴出,把飛機推動向前。

流線形

高速的飛機都擁有平滑、尖銳的外形,讓它們能夠輕鬆地穿過空氣,讓阻力降至最低。

阻力的方向

在**飛行歷史**中,飛機變得越來越快。飛機要高速飛行,便需要克服**阻力**,因此高速飛機都是呈**流線形**的。最快的飛機擁有**噴射引擎**,這類飛機能夠比早期的螺旋槳飛機產生更多能量。它們也能飛得更高,因為螺旋槳無法在非常高的空中運作,該處的空氣太稀薄了。較稀薄的空氣亦意味着空氣阻力較小,可以令飛機能飛得更快。最快的噴射機X-43A能在超過海拔30公里的高空飛行。

「　皮膚表面的天然油脂稱為皮脂，它會在你洗澡時被洗掉，之後水會穿透皮膚，令皮膚下的組織膨脹起來。有些科學家認為，這種皺皮的現象是演化的結果。他們主張這個效果會讓人可以更輕易地抓住濕滑的東西。我們的祖先會花上數小時**捕魚**，以從水中獲得食物，因此那些皺紋可能有助他們抓住想吃的東西。這是一個合理的想法，但誰知道是否正確呢？當你在洗澡時，你手上的皺紋能否幫你拾起一塊滑溜溜的肥皂或是你的小鴨子？」

為什麼洗澡時我們的皮膚

真皮是皮膚
的外層。

表皮是皮膚
的外層。

腺體會產生油潤
的皮脂，以覆蓋
及保護皮膚。

真皮裏有血管、
汗腺及毛囊。

幼細的血管稱
為微絲血管，
分布於皮膚表
面附近。

神經末稍能
感知不同的
質感、溫度
或疼痛。

皮膚

皮膚分為兩層，稱為
表皮和真皮。皮膚能保
護你，並隔絕病菌。當我
們把手指放進水中，因為
皮膚中的神經纖維令幼
細的血管收縮及變窄，令
皺皮效果加劇。

你可以回到第46至47頁複習皮膚的知識。

捕魚

在人類發明出長矛、漁
網與釣竿前，他們會用雙手
捉魚。有些科學家相信布滿
皺紋的手指能幫助他們更輕
易地把魚抓住，讓他們能夠
更易捕捉食物並生存下去。

魚類非常滑溜，
難以抓住。

會變得皺皺的？

為什麼太陽好像跟着我到處去？

「　準確來說，**太陽**並沒有跟着我們走，而是我們跟着太陽走。那是因為地球會圍繞太陽**公轉**。當地球沿着自己的軸心旋轉時，太陽在天空中的位置就會以一個非常慢的速度不斷改變。所以每當我們在短時間內抬頭看，太陽就好像都在相同的位置，令我們產生太陽跟着我們走的錯覺。　」

太陽

太陽的直徑大約為1,392,000公里，你可以在太陽的直徑上排列多達109個地球。

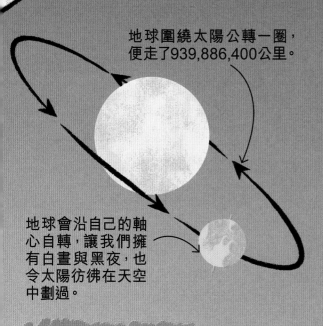

地球圍繞太陽公轉一圈，便走了939,886,400公里。

地球會沿自己的軸心自轉，讓我們擁有白晝與黑夜，也令太陽彷彿在天空中劃過。

公轉

地球會圍繞太陽公轉，並被太陽的重力維持在固定的軌道上。地球需要一年來圍繞太陽運行一次。

從我們身處的位置，我們通常不會察覺到太陽在移動，但我們會看見太陽移動的效果，例如影子會變長。

為什麼月亮有時會在白天出現？

「　月球因為擁有灰白的表面，加上非常接近地球，所以令它顯得非常明亮。月球圍繞地球公轉的軌道並不是完美的圓形，而是有一點變化。假如月球位於適當的位置，就算在白天也能把陽光從它的表面反射向地球，甚至比蔚藍的天空還要亮，這就是我們在白天也能看見月球的原因。」

怎樣製造廁紙？

世上其中一個最早**製造廁紙**的國家，可能就是中國。在14世紀，當中國由**明太祖**統治之際，人們已經能大量生產廁紙了。廁紙是強韌的紙巾，由非常幼細的木片製成。這些木片會被磨成碎屑，並拌入水中，直至形成一種稱為紙漿的糊狀物，紙漿會被弄乾並捲成長片狀。這樣製造的紙既柔軟，又帶有微小的氣孔，有助吸收液體。

製造廁紙

樹幹的樹皮和枝條會被剝除，再切碎並與水和化學物質混合，製成紙漿。

除去紙漿中的水分後，大型的滾輪會令紙漿變得乾燥，並將它壓至合適的厚度，製成一大條長度驚人的廁紙。

1. 準備紙漿

2. 製紙

明太祖

明太祖朱元璋，又稱洪武帝，出生於1328年，他與他的家人據稱喜愛舒適的生活。他們每年使用多達1.5萬張廁紙，而且每張廁紙都柔軟而帶有香氣。在古時這是一項重大進步，因為早在2,000年前，生活在中東的人只會利用鵝卵石來擦屁股，這肯定相當不舒服！

再生廁紙

有些廁紙其實是由舊報紙製成的。舊報紙會先變回紙漿，並加以清潔，再製成新的廁紙。以這種方式循環再造的廁紙，可以讓我們減少砍伐樹木……這對地球來說是一件非常好的事情啊！

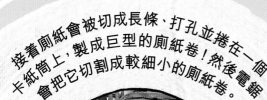
接着廁紙會被切成長條、打孔並捲在一個卡紙筒上，製成巨型的廁紙卷！然後電鋸會把它切割成較細小的廁紙卷。

3. 捲起及切割

切好的廁紙卷經過包裝後就會送到商店，讓我們買回家使用。

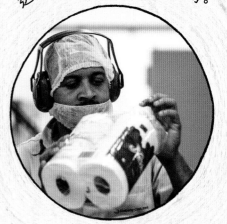

4. 包裝廁紙

為什麼星星會一閃一閃的？

星星

其實我們在夜空中看見的星星，大部分都是一個龐大恆星家族的一部分，這個家族稱為銀河系。銀河系裏有大約2,000億顆恆星。

「　星星其實不會閃爍，我們在夜空中看到的星星，大部分都是恆星。我們的太陽也是一顆恆星，不過由於太陽非常接近我們，它發射的是強烈而且穩定的光線，能夠直接穿過包圍住地球的**大氣層**；但其他星星距離我們比較遠，因此它們的光線變得較微弱。我們的大氣會不斷輕輕地移動，所以當來自這些遙遠星星的光線撞上大氣層時，我們便看見一閃一閃的星星了。」

大氣層

大氣層就像一張包裹住地球的氣體被子，它主要是由氮氣和氧氣組成。我們把這層氣體混合物稱為空氣，而它會不斷地移動。

來自太陽的強光能直接穿透大氣層。

遙遠的星星

太陽

來自星星的微弱光線經過移動中的空氣時會折曲及反彈，因此星星看似會一閃一閃的。

大氣層

除了腦部，在你的臉和頭部裏面還有什麼？

你的頭部裏還藏着你的**感覺器官**，它盛載着你的顎骨和牙齒。你的臉孔包括了幫助你微笑與展現情緒的肌肉。那裏也有神經與腦部連接，稱為腦神經。腦部本身也受包圍着它的液體和薄膜保護。在你的顱骨裏充滿了空氣，當你說話或唱歌時空氣會振動起來，讓你的嗓子聽起來獨一無二。

視神經

視神經會將來自眼睛裏1.25億個光感受器的信號，傳送到腦部的視覺皮層。

耳朵

脊柱

血管

舌頭

舌頭的兩側、後方和前端擁有的味蕾較中間的部分多。

會厭

感覺器官

感覺器官是你的眼睛與耳朵，還有你的嘴巴、鼻子和舌頭，它們擁有名叫感受器的細胞，能告訴你的腦部周遭環境的狀況。

你的舌頭和上顎擁有大約10,000個**味蕾**。味蕾的神經末稍能辨認出我們進食的食物裹不同的分子。我們認為味蕾只能辨認出5種味道：甜、鹹、酸、苦和鮮味。

為什麼各種食物會有甜、酸和苦的味道？

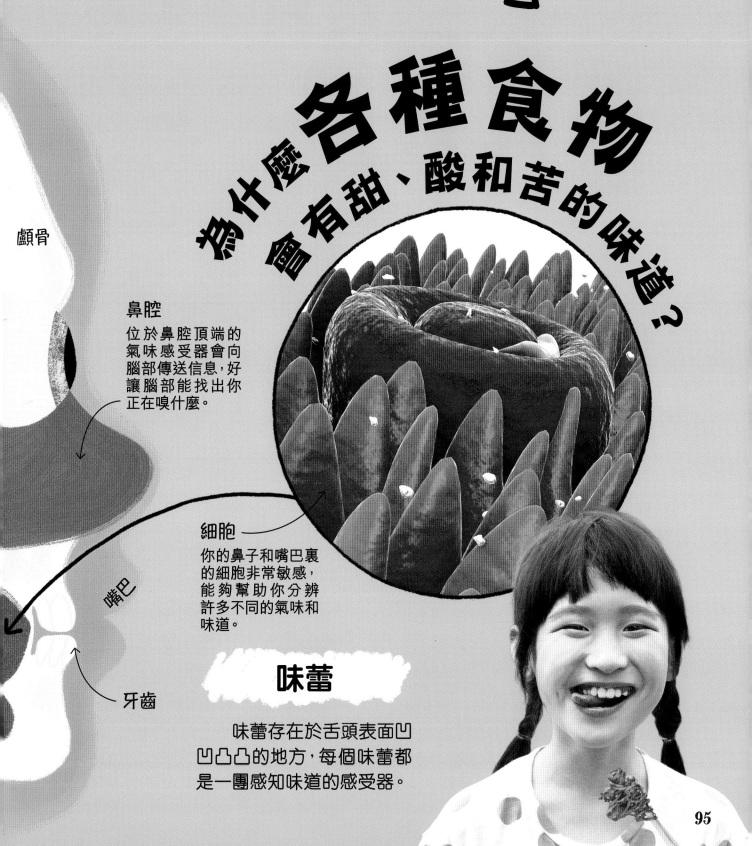

顴骨

鼻腔
位於鼻腔頂端的氣味感受器會向腦部傳送信息,好讓腦部能找出你正在嗅什麼。

細胞
你的鼻子和嘴巴裹的細胞非常敏感,能夠幫助你分辨許多不同的氣味和味道。

嘴巴

牙齒

味蕾

味蕾存在於舌頭表面凹凹凸凸的地方,每個味蕾都是一團感知味道的感受器。

95

為什麼沒有了樹木我們便無法生存？

燃燒化石燃料會產生二氧化碳。

死去的動物和植物在腐化時會把碳釋放至空氣中。

除了美麗、提供果實和有價值的木材外，樹木亦是**碳循環**中的重要一環。它們會從空氣中吸收二氧化碳，並釋出氧氣。如果空氣中有過多二氧化碳，我們便無法生存，因此我們確實需要樹木才能活下去。

碳循環

所有生物都含有碳，許多死物都含有碳，例如化石燃料、岩石、空氣等。碳會不斷在生物、海洋、大氣層與陸地之間轉移。

去森林化

不幸的是，在世界上某些地方的人們會砍伐森林，並利用所得的土地務農或畜牧，這個做法稱為去森林化。但若果我們砍掉太多樹木，大氣層中的二氧化碳含量便會上升，所以我們需要關注樹木對生命的重要性。

為什麼樹木會吸取二氧化碳？

樹木和其他綠色植物利用二氧化碳來生產食物，它們的食物是一種名叫葡萄糖的糖分。葉子會吸收二氧化碳，然後樹木會把二氧化碳和從根部吸收的水分結合，以製造葡萄糖。這個過程稱為**光合作用**，由來自陽光的能量推動。

氧氣是光合作用產生的廢棄物質，因此樹木會將氧氣釋放至空氣中，吸入這些氧氣就能讓我們和動物生存。

植物吸收空氣中的二氧化碳。

動物吃掉含有碳的植物；動物會呼出二氧化碳。

來自陽光的能量給植物能源。

植物從空氣中吸收二氧化碳。

植物透過根部吸收水份。

植物把氧氣釋放至空氣中。

光合作用

進行光合作用時，葉子會利用一種稱為葉綠素的綠色物質來吸收來自陽光的能源；葉綠素也是讓葉子擁有綠色外表的物質。

請翻到第100至101頁，認識更多關於樹木的知識。

我們的身體怎樣復原？

當你割傷自己時，受傷的組織會向血管釋放出化學信息，令紅血球聚集在一起，形成**血栓**來止血，而白血球會攻擊細菌，對抗感染。新的細胞會從傷口的邊緣開始生長出來，稱為纖維母細胞的細胞會進入傷口上結的**痂**裏，令痂變得強韌結實；而纖維組織和一種名叫膠原蛋白的物質，會形成傷疤。新的血管及神經會在這個範圍裏生長，新的皮膚細胞會完成癒合的過程，並替換部分膠原蛋白。當你還是年輕的時候，你的傷口會復原得非常好，大概不會留下疤痕。

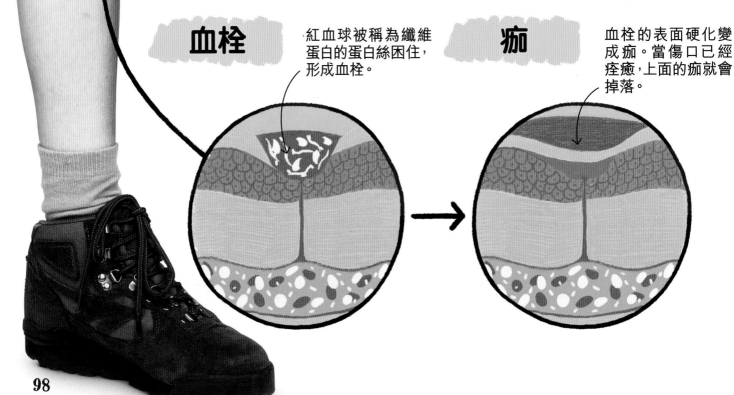

血栓
紅血球被稱為纖維蛋白的蛋白絲困住，形成血栓。

痂
血栓的表面硬化變成痂。當傷口已經痊癒，上面的痂就會掉落。

為什麼人會覺得**痕癢**？

抓癢能告訴你的神經末梢，停止向腦部發出痕癢的信號。

皮膚裏有一些神經末梢，當皮膚與某些物質接觸或受感染後，這些神經末梢便會受到刺激。這些物質包括塵埃、昆蟲、致敏源、藥物、病菌等。與感知痛覺同類的神經就會向腦部傳送痕癢的信息，促使你搔抓相關區域，以緩解痕癢。

為什麼你發燒時會覺得**冷**？

下丘腦

大小和一顆方糖相若的下丘腦會盡力維持我們的身體系統平衡，讓我們保持健康。

你的腦部擁有一個專門控制體溫的內置的恆溫器，名叫**下丘腦**。它的其中一項功能就是保持你的體溫在攝氏37度。當下丘腦感覺到你的體溫太熱，它便會向你的汗腺發出信號，令它流汗來讓你降溫。流汗也許會令你覺得太冷，你便會發抖。

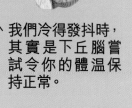

我們冷得發抖時，其實是下丘腦嘗試令你的體溫保持正常。

99

厂 **樹木**一般不會在夏季落葉，除非它們受到威脅，例如樹木身處的環境經過了一個漫長的炎熱乾旱季節，令土壤裏的水分較平常少很多，在這些艱苦的條件下，樹木就會落葉，令它進入**休眠期**。樹木會一直保持這種狀態，直至雨水重回大地。

常綠的針葉樹通常擁有形狀像針或鱗片的葉子。

落葉樹擁有闊大而扁平的葉子。

為什麼有些樹木會

樹木

樹木可以分為兩種：常綠樹和落葉樹。常綠樹，包括大部分針葉樹，它們的樹葉通常可以在樹枝上存在一整年；而落葉樹就會在秋天和冬天裏落下所有葉子。

你可以回到第96至97頁重溫一些樹木的知識。

季節

落葉樹的葉子會在春天長出來；到了夏天樹木便會長滿茂密的綠葉，葉子會吸收陽光為樹木

春天
春天的陽光與雨水令嫩芽長出新葉；許多樹木也會在春天開花。

夏天
來到夏天，樹木會長出大量葉子，讓它們吸收大量陽光。

如果受到骯髒或被污染的水長期影響，樹木也會出現類似的現象。此外，樹木如果受病毒或真菌感染，或是被大量昆蟲侵擾時，也可能會落葉。這種落葉情況可以在一年內的任何時間出現，以保護樹木免受疾病和其他威脅傷害。」

在夏季落葉？

休眠期

休眠期與冬眠很相似，就像動物會在冬天時冬眠一樣，植物在冬天的月份裏也會減慢所有活動，以助它們存活下去。光禿禿的樹木也許看似死氣沉沉，但它們其實只是在休息！

製造食物；葉子在秋天時會開始變成紅、橙和金黃色，然後掉落；在冬天，樹木便會變得光禿禿了。

秋天
秋天裏，白天變得較短，陽光也比較少。葉子會改變顏色並開始掉落。

冬天
在冬天，白天是一年裏最短的時候，泥土更可能會結冰。樹木如今已失去所有葉子了。

火山怎樣**爆發**？

在地球上，有些地方的**地殼**較薄或是裂開了，令稱為**岩漿**的熔化岩石相當接近地面。有時候岩漿會在深海海底的裂縫滲出來；有時候岩漿和火山氣體會累積起來，直至它們在大型爆發中炸開岩質的地面。火山灰、塵埃和氣體能爆發到20公里高的大氣層，而噴出的熾熱岩漿現在會改稱為熔岩，並如雨點般落下；熔岩亦可以在地上流淌，然後燒毀沿路遇上的一切。

地殼

地殼是地球堅硬的外層。在地殼下面是較柔軟的地幔，而地球的中心就是地核。

岩漿

當岩石被地球裏的驚人熱力熔化，濃稠的岩漿會在地下深處的地殼下層及地幔上層形成。

岩石怎樣變成熔岩？

　　岩石並不會直接變成熔岩，熔岩是岩漿從火山噴發出來後的名字。岩石在地下深處熔化，形成岩漿；只有當岩漿噴出或滲出地球表面時，我們才會稱其為熔岩。接近地面或地面上的岩石如果被組成地殼的巨型岩石板塊活動推至地下深處，它們也會熔化成岩漿。

熔岩
熔岩是指從火山或地面裂縫中溢出地表的岩漿。

地熱能

　　從地球內部抽取出來的天然熱能稱為地熱能。科學家和工程師已發現了怎樣有效運用地熱能，他們會往下鑽探直至到達地下水被岩漿加熱成蒸汽的地方。蒸汽會推動渦輪機，為發電機提供能源。這是一種無污染的發電方法。

蒸汽推動發電站的渦輪機。當蒸汽冷卻，它會變回水，然後被送回地下去。

被岩漿加熱的地下水所產生的蒸汽被送至發電廠。

玻璃是**二氧化矽**，由熔化了的沙子製成，沙子需要加熱至大約攝氏1,700度才會熔化。當熔化了的沙子冷卻後，它原有的黃色便會消失。要把沙子加熱至如此高的溫度，需要威力強大的火爐，因此人類早於5,500年前首次製造出玻璃時，實在是非凡的成就，所以當時玻璃是備受尊崇的珍寶。現在玻璃的用途十分廣泛，人們還會製造**平板玻璃**片，用來安裝在窗戶上。

玻璃其實是由

玻璃熔化後，可以被吹成不同的形狀。

平板玻璃

用於窗戶的平板玻璃是由熔化的沙子、石灰和蘇打製成。熔化的玻璃會浮在一缸液態錫上形成薄片，然後便可待它冷卻並切割成不同的大小。

石灰
（氧化鈣）

沙子
（二氧化矽）

蘇打
（碳酸鈉）

熔化的玻璃

火爐

熔化的錫

錫池

滾輪

切割器

冷卻室

製成的平板玻璃

為什麼鑽石如此堅硬？

「鑽石是最堅硬的天然物質之一，它其實是純**碳**。在鑽石裏，每顆碳原子都緊密地和其他碳原子連接在一起，並形成牢固的化學鍵，令鑽石擁有驚人的強度。」

什麼製成的？

牙醫的電鑽有鑽石鑽頭。

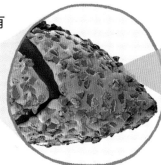

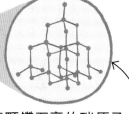

每顆鑽石裏的碳原子都會與4顆鄰近的碳原子組成金字塔狀，令鑽石非常堅硬。

沙子感覺鬆軟，是因為沙子由許多細小的顆粒所組成，不過其實每一顆沙粒都相當堅硬。

二氧化矽

天然的二氧化矽以沙子的模樣存在，它也存在於許多岩石裏。二氧化矽也被用於生產電腦的矽晶片。

碳

碳是非常有趣的元素，因為它能以不同的形態存在。鉛筆芯裏的石墨其實也是純碳而不是鉛，但是與鑽石不同，這種形態的碳非常柔軟，讓你可以用來書寫。

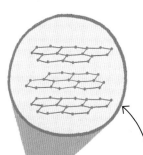

石墨是排列成一片片的碳原子，它們能互相滑過對方，因此石墨很容易碎裂。

我們全都天生擁有決定頭髮顏色的基因。頭髮實際的顏色會由一種名叫黑色素的色素決定，而黑色素是由毛囊製造的。

毛囊

毛囊是一種管狀組織，包圍住毛髮的根部。毛囊埋藏在皮膚裏，就像埋在泥土裏的球根一樣。

毛囊

花卉球根

為什麼我們變老時，

位於**毛囊**裏的髮根是每根頭髮生長的起源，毛囊會製造色素，讓你的頭髮擁有自身的顏色。隨着我們**老化**，毛囊會減少製造色素，因此頭髮可能會變得灰白一片。許多人由於他們的基因，令頭髮特別容易變成灰白色。有些人聲稱突如

請翻到第112至113頁，閱讀關於老化的知識。

老化

人們老去時頭髮變成灰白色的速度有多快，主要與他們的基因有關。不過壓力、吸煙或患病也許會令頭髮更快變得灰白，並在較年輕時就開始長出白髮。

頭髮會變成灰白色？

嘩！

其來的驚嚇也能導致白髮的出現，所以你最好不要躲起來，然後突然向父母大叫。不過，如果他們開始長出白髮，那大概只是由於他們的基因所致，與你嚇人的行為無關，但要小心你也可能遺傳了這些基因啊！

107

外星人也許真的存在，不過我們暫時並不知道。天文學家探測到接近4,000顆**系外行星**正圍繞其他恆星公轉，可是當中只有大約50顆行星位於『適居帶』，代表那些行星在距離恆星適當的地方公轉，以至於對生命來說不會太熱，也不會太冷。搜尋地外文明計劃（Search for Extraterrestrial Intelligence，簡稱SETI）研究所裏有一些科學家日以繼夜地辛勤工作，希望偵測來自外星文明的**信號**。不過我們可能要慶幸沒有找到外星人，而外星人也沒有發現我們。

航行者金唱片

航行者計劃的兩艘太空船在1977年發射，它們各自帶着一張稱為航行者金唱片的光碟，裏面有來自地球生命的錄音和影像，用以向外星人介紹地球。

信號

我們會從地球發出信號，希望在地球以外的地方有生命接收到信號；而科學家相信外星信號可能會以無線電波、閃光或者雷射的形式出現。

真的有
外星人
存在嗎？

SETI利用無線電望遠鏡來監聽信號，並研究新發現的系外行星。

系外行星

系外行星是位於我們的太陽系外的行星，系外行星會圍繞住類似太陽的恆星公轉，這些行星距離我們非常遠，例如開普勒22b與地球之間的距離超過5,850萬億公里。

開普勒22b

從開普勒22b發出的信號要花接近620年才能到達地球！

黑洞不太可能存在另一端。黑洞並不是我們一般所指的洞，更確切地說，黑洞是太空裏的一個區域，那裏的重力很強，所有被扯進去的東西都會被巨大的力量擠壓成一顆微細的點。由於重力非常強大，沒有任何東西能逃出那個區域，即使是光也會永遠被黑洞強大的重力困住。

黑洞的另一端有什麼？

植物有感覺嗎？

開花植物的葉子會轉向太陽，讓它們可以吸收更多陽光，用來為植物製造食物。陽光亦會令花朵變得溫暖，使它更容易吸引昆蟲。

含羞草是豆科的成員。

這視乎你所說的感覺是什麼意思。我認為沒有證據顯示植物有情緒或痛感，但植物能感知**光**，例如花朵在白天裏會轉向太陽。原產於南美洲的含羞草會對**觸摸**有反應，當含羞草被人輕輕觸碰，它的葉子便會摺合及下垂大約數分鐘，這就是為什麼園丁如此喜歡跟它玩耍！

觸摸

含羞草對觸摸的反應也許能欺騙草食性動物，令牠們認為含羞草的葉子不好吃。

植物會**說話**嗎?

「　植物不會說話,但它們還是能夠互相溝通。當受到昆蟲襲擊時,許多植物也會向空氣或土壤釋放出一些分子,這些分子會『警告』植物的其他部分釋出特殊化學物質來保護自己。在附近生長的植物也能截取這些『警告』,並利用類似的化學反應來防禦昆蟲的攻擊。」

世上有**吃肉的**植物嗎?

「　當然有!捕蠅草會用貌似顎部的葉子來捕捉昆蟲!此類肉食性植物大多生長在貧瘠的土地上,要藉由進食昆蟲和小動物來取得額外的營養。儘管你可能在電影中看過類似的橋段,但我不相信肉食性植物曾經吞吃過人類的小孩。」

為什麼人類會變老及死亡？

「　所有動物都會變老，最終死亡。人類從一生開始的第一天起便會老化。在你只有48小時大、還在媽媽的肚子裏，亦即是出生前的9個月時，我們身體裏的部分細胞已經會開始死亡。幸好，這些細胞會被新的細胞取代。出生後，這個過程會繼續進行，可是死去的細胞漸漸就不一定再有新的細胞替代；即使有新的細胞出現，它們也可能帶有缺陷，因為用於製造新細胞的DNA複製過程會慢慢耗損。我們比大部分的動物都活得更長久，但也有些魚類、鯨類和龜類能比人類更長壽。在百慕達，科學家安德里亞·伯納（Andrea Bodnar）發現了一種類似海膽的生物，可生存長達200年，因為牠們的細胞不會像人類細胞般老化。」

DNA擁有旋轉樓梯般的形狀，稱為雙螺旋。

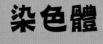

染色體

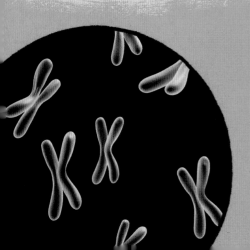

　DNA存在於細胞的細胞核中，它們緊密地捲起來，形成稱為染色體的結構。人類細胞的每個細胞核裏都有46條或23對染色體。

DNA

DNA是去氧核糖核酸的英文簡稱。DNA存在於我們的所有細胞中，每個DNA分子都由數以百萬計的原子排列成兩串螺旋形。我們修復DNA的能力會隨着我們長大而衰退，這些損耗會不斷累積，導致老化，最終迎來死亡。

4種稱為鹼基的化學物質組成DNA樓梯的「梯級」，4種鹼基在圖中利用了不同的顏色來顯示。

鹼基會指示細胞製造用於建構身體的蛋白質。

鹼基會成對地排列，而它們的排列次序會形成編碼，就像由字母組成的詞語一樣。

其中一種最長壽的陸上動物是來自加拉帕戈斯羣島上的巨大象龜。我曾經見過其中一隻巨龜，牠的名字是哈麗。哈麗已在十多年前去世，相傳牠在約180年前曾與偉大的科學家達爾文見過面！

請回到第106至107頁，重溫關於老化的知識。

113

為什麼泡泡是圓形而不是其他形狀？

「 肥皂**泡泡**裏充滿了空氣，外面被一層薄薄的肥皂水包圍着。水分子會互相推擠，並將肥皂水拉扯成球形。水分子之間的吸引力稱為表面張力，表面張力會把泡泡拉扯成某種形狀，令它的**表面面積**相對於它包裹的空氣來說是最細小的，最終的形狀總是球體。 」

當你吹泡泡時，空氣會被困在一層薄薄的肥皂水中。

表面面積

表面面積是事物最外層的面積。以下這3個形狀裏包含的空間大小是相同的，不過球體的表面面積是最細小的。

立方體　　　　錐體　　　　球體

泡泡

泡泡的構造有點像三文治，形成泡泡的薄膜其實是兩層肥皂，加上中間夾着的一層水。當兩層肥皂之間的水分蒸發了，泡泡便會破掉。

肥皂

水

空氣

肥皂

水分子會互相拉扯，這種表面張力會形成泡泡的表面。

龐然巨泡

在肥皂溶液中加入一些名叫甘油的液體，會令水分蒸發的速度減慢，讓你可以製造出更強韌、巨大及持久的肥皂泡泡。當你揮舞泡泡棒時，泡泡一開始會形成又長又奇怪的形狀，但它們漸漸便會變成圓泡泡。

不論泡泡有多大，它們都想變成圓圓的！

115

你是怎樣**睡着**的？

「 　我們睡覺是因為我們的身體疲倦了，也因為我們的腦部擁有特定的節奏。如果你平時習慣於晚上9時睡覺，你很可能在晚上10時便會變得昏昏欲睡，即使你下午曾經小睡也一樣。這種節奏是由大約50,000個細胞控制的，那是腦部裏的一個『時鐘』，位於稱為下丘腦的區域，它主要受日照、你的進食時間和氣溫影響。在我們非常年輕的時候，會需要較長的**睡眠時間**，而老人如我最少需要睡5小時。睡眠不足會導致健康狀況轉差，要是你無法入睡，試試到一個黑暗安靜的地方，把自己包得暖呼呼的，然後停止憂慮，讓身體放鬆吧。 」

睡眠時間

　我們需要的睡眠時間會隨着我們長大而減少，新生嬰兒需要的睡眠時間最長，長達每天17小時。

為什麼我們會**做夢**，夢境又是怎樣出現在我們的腦海裏？

「　　我們並不確切知道為什麼我們會做夢。**夢**從有史以來，已經會令人興奮、着迷、傷心還有受驚。人們經常會嘗試解讀夢境，但也徒勞無功。有些夢境會充滿創意，藝術家常常受夢境啟發，有些科學家也聲稱會從夢境獲得靈感呢！在夢中我也擁有不少奇思妙想，但夢醒後總是記不起這些想法到底是什麼。」

睡眠時間(小時)

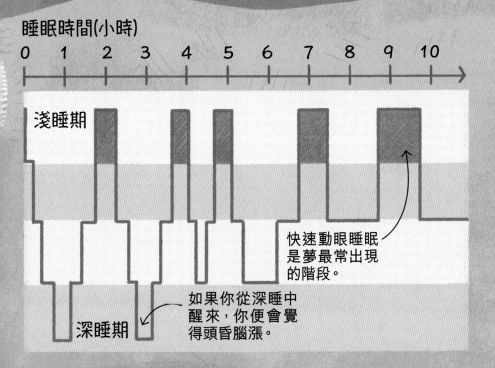

淺睡期

快速動眼睡眠是夢最常出現的階段。

如果你從深睡中醒來，你便會覺得頭昏腦漲。

深睡期

夢

睡眠可分為數個階段。腦部的電流活動在每個睡眠階段中都會有所改變。夢往往會出現在睡眠的開端，或者在我們快要睡醒的淺睡中發生。這時我們的眼睛會急速轉動，這個階段稱為快速動眼睡眠。

我們主要的問題在於我們對**化石燃料**的依賴，我們利用這些燃料來為我們的生活、城市、交通工具等提供能源。當燃燒化石燃料時會產生二氧化碳，這種氣體被稱為温室氣體，因為它會把太陽的熱力困在大氣層內，就像玻璃把熱力困在温室裏一樣。在農場裏飼養的牲口令情況變得更加嚴重，因為牠們會產生另一種稱為甲烷的温室氣體。

為什麼我們會污染地球？

大氣層

燃燒化石燃料會產生二氧化碳。

甲烷源自家畜和腐化的垃圾。

化石燃料

煤、石油和天然氣都是化石燃料，是由在地底深處化石化的生物遺骸經過數百萬年轉變而成。

温室氣體會困住熱力，令地球變暖。

氣候變化

温室氣體正令地球越來越熱，這個過程稱為全球暖化，而全球暖化正在改變地球的氣候。

部分熱力會穿過大氣層。

我們要怎樣處理 這麼多垃圾？

人們甚至曾經構想把我們的垃圾發射到太空，但只是發射火箭就已經會產生更嚴重的污染。

「　人類太浪費了！大量垃圾被掩埋或扔進大海，其實有許多垃圾可以循環再造，有些垃圾又可以焚燒化為能量。不過，燃燒垃圾也會產生二氧化碳，因此科學家正研究怎樣收集二氧化碳，令燃燒垃圾更穩妥。」

怎樣能停止污染？

「　如果我們能更認真地看待**氣候變化**的證據，我們便有機會可以改善現況，我們能夠從轉用可再生能源開始。可再生能源來自不會耗盡的資源，例如陽光、風和海浪，使用這些能源並不會產生溫室氣體。」

像圖中這種風力發電機會利用風能產生電力。

為什麼當你做着沉悶的事情時，時間會過得這麼慢？

「當你一直身處在地球上，時間並不會有所不同。不過我同意當你百無聊賴時，**時間**的確是似乎過得很緩慢；而當你玩得興高采烈時，時間就會飛快地過。這也許與我們對時間的**感知**有關！真希望當我們吃雪條時，時間會靜止下來，不過時間和氣溫肯定會令你的雪條以穩定的速度融化。」

我們差不多到了嗎？

時間

在物理學中，時間是量度事情發生需要多久的數值。時間以秒、分鐘和小時來記錄。時間只會向一個方向移動，即是從過去到現在，然後走向未來。時間是不能停止或往回走的。

而當你做着**有趣**的事情時，時間過得這麼快？

感知

心理學家對於我們怎樣體驗或感知時間很感興趣。當我們玩樂時，我們對周邊發生的事情都會感到津津有味，這時我們的腦部會非常活躍，令我們覺得時光飛逝；但當我們感到沉悶時，我們的腦部會較不活躍，連時間也像在拖拖拉拉一樣。

詞彙表

abdomen 腹部
也是你的「肚子」，裏面盛載了你的消化系統及大部分主要器官。

absorb 吸收
吸入或攝取至體內。

air 空氣
大氣層裏的氣體混合物。空氣成分中大部分是氮氣和氧氣，還有少量氬氣和二氧化碳。

air pressure 氣壓
空氣分子壓向物件和平面時產生的力。

air resistance 空氣阻力
令物體穿過空氣時變慢的力。

altitude 海拔
地面以上的高度，通常從海平面開始量度。

astronomer 天文學家
研究恆星、行星和太空的科學家。

atmosphere 大氣層
包圍住地球的空氣和粒子層。

atom 原子
微細的物質粒子。原子能夠互相連結起來，形成較大的粒子，稱為分子。

bacteria 細菌
單細胞的微生物，存在於土壤、水或動植物身上。

base 鹼基
4種不同的化學物質，是組成DNA「階梯」的「梯級」。

Big Bang 大爆炸
一套關於宇宙誕生的理論，指宇宙是在大約138億年前一場大爆炸中開始形成的。

black hole 黑洞
太空中一個區域，擁有高密度的物質。由於黑洞的引力非常強大，沒有光能逃出來。

bond 化學鍵
原子或分子之間的力，能將它們固定在一起。

camouflage 偽裝
幫助動物或植物隱藏在它們周邊環境中的顏色、圖案、移動方式、身體形狀等。

capillary 微絲血管
將血液輸送及運離細胞的微細血管。

carbohydrate 碳水化合物
帶甜味及含有澱粉的食物都富含碳水化合物，它會被身體分解，是主要的能量來源。

carbon 碳
一種非金屬原子，存在於許多不同的分子裏，包括地球上所有生物體內的分子。

carbon cycle 碳循環
大氣層中碳的循環，碳會經過生物體內，再回到大氣層中。

carbon dioxide 二氧化碳
一種氣體，由一個碳原子和兩個氧原子組成。二氧化碳會被動物釋出及被植物吸收。

cell 細胞
構成所有生物的基本單位。

cerebellum 小腦
腦部的一部分，擁有多項功能，包括保持平衡、協調動作及記憶。

cerebral cortex 大腦皮層
大腦的表層，負責處理資訊。

cerebrum 大腦
腦部最大的部分，負責思考、產生情緒等活動。

characteristics 特徵
一些令我們與別不同的特點，例如眼睛或頭髮的顏色、我們的外表與行為舉止等。

chemical 化學物質
任何由原子和分子構成的物質，包括任何氣體、液體或固體。

chlorophyll 葉綠素
一種綠色的化學物質，被植物用於吸收光線，以在光合作用的過程中生產能量。

chromosome 染色體
緊密地捲起來的DNA串，位於細胞核內。染色體帶有基因。

chrysalis 蛹
一個堅硬的囊，毛蟲會在蛹裏變成蝴蝶。

collagen 膠原蛋白
身體用於形成組織或治療傷口的蛋白質。

condensation 凝結
氣體或水蒸氣變成液體的過程，通常在冷卻後發生。

core 地核
地球熾熱的中心，主要由鐵和鎳組成。

cornea 角膜
眼睛前方的透明層，極為敏感。

counterweight 對重
用於與另一重物平衡的相對重量。

crust 地殼
地球堅硬、岩質的表面，也是這顆行星的最外層。

dark matter 暗物質
太空中存在的隱形物質。它會產生重力，牽引星體和星系。

decay 腐化
指死去的植物或動物腐爛變質。在物理學中，能量源頭減弱亦稱為decay，即衰變。

dense 高密度
指物質中的粒子緊密地擠在一起。

dermis 真皮
位於表皮下方的皮膚組織。

diameter 直徑
穿過圓心量度橫跨圓形的距離。

dinosaurs 恐龍
已滅絕的爬行類動物，大約生活在2.45億至6,500萬年前。

dissolved 溶化
當某一物體與液體完全混合，產生溶液，我們便稱物體已經溶化。

DNA 脫氧核糖核酸
生物細胞中一種儲存基因資料的化學物質。

dormancy 休眠期
植物的生命循環中的休息階段，指植物的生長會減慢或完全停止。

double helix 雙螺旋
DNA分子的形狀，由兩串互相圍繞的分子組成。

drag 阻力
在物體穿過液體或氣體時令移動速度變慢的力。

electric current 電流
電力的流動，在電子通過某一種物質時產生。

electrical conductor 導電體
任何能夠讓電力輕易流通的物質。

electrical insulator 絕緣體
會減少或停止電力流通的物質。

electrical resistance 電阻
衡量物質阻礙電流程度的數值。

electrical signal 電子信號
以電子脈衝的形式傳播的信號。

electromagnet 電磁鐵
由電線纏繞在鐵塊周圍製成。當電流通過，鐵塊就會變成磁石。

electron 電子
擁有負電荷的粒子，會圍繞原子核旋轉。

embryo 胚胎
受精卵發育的首8個星期，能夠成長成一個嬰兒。

energy 能量
令不同事情發生的動力。光、聲音、電力、熱力和核能都是能量的形態。能量儲存在所有物質之中，包括食物。

engineering 工程學
運用科學和科技設計及建造各種事物。

epidermis 表皮
皮膚的外層。

equator 赤道
環繞行星或衛星的虛構圓形，是北極和南極之間的最寬直徑。

evaporation 蒸發
指液體變成水蒸氣的過程。

evolution 演化
物種為了適應環境，經過許多世代的發展。

exoplanet 系外行星
位於太陽系以外的行星，會圍繞另一顆恆星運轉。

experiment 實驗
對照實驗可用以確認是否有證據支持一個科學假設。

extinct 滅絕
指某種植物或動物已經全部死亡，不再存在。

fat 脂肪
主要的能量來源，可在食物和身內組織找到。

ferromagnetic 鐵磁性
指含有鐵的物質置於磁場裏會變得帶有磁性。

fibroblast 纖維母細胞
會產生膠原蛋白和其他纖維的細胞。

filament 燈絲
幼細的線或電線。燈泡擁有一根金屬燈絲，當電力流過它時便會發光。

fluid 流體
能夠流動的物質，一般是液體。

fog 霧
指一團細小的水點，於大氣層的底層形成，一般含有塵埃或煙霧的粒子。

force 力
物體之間推擠或拉扯的力量，可以改變物體的速度、方向或形狀。

fossil 化石
史前植物或動物的遺骸或痕跡，通常保存在岩石裏。

fossil fuel 化石燃料
由數百萬年前的植物或動物遺骸經高壓製成的燃料，例如煤。

friction 摩擦力
一種會減慢兩個物體互相之間移動速度的力。

galaxy 星系
由星體、塵埃和氣體組成的龐大系統，由重力固定在一起。

gas 氣體
物質的狀態之一。氣體沒有形狀，因為它的分子會四周自由地迅速移動，氣體在環境許可時總是會向外擴散。

generator 發電機
將能量轉化成電力的機器。

gene 基因
DNA會遺傳的部分，負責控制特定的功能。

geothermal energy 地熱能
來自地球內部熾熱熔岩的能源。

gland 腺體
一種會產生體液或化學信息的器官，例如汗液、唾液或荷爾蒙。

global warming 全球暖化
是指地球大氣層中因二氧化碳及其他溫室氣體水平增加所致的平均溫度上升。

glucose 葡萄糖
存在於血液裏的糖類，人體會將它分解以釋出能量。

gravitational pull 引力
大型物體之間的吸引力，例如地球與月球之間的引力。

gravity 重力
巨大而且高密度的物體向其他物體產生的吸引力。

greenhouse gas 溫室氣體
大氣層裏會困住熱力並令星球變暖的氣體。溫室氣體包括二氧化碳和甲烷。

gunpowder 火藥
一種具爆炸性的化學混合物，成分有硫磺、碳和硝酸鉀。

haemoglobin 血紅素
紅血球裏的蛋白質，會從肺部吸取氧氣，並在血液被泵遍全身時將氧氣釋放出來。

hair follicle 毛囊
皮膚裏的一組細胞，會長出毛髮。

halogen 鹵素
一種非常容易發生化學反應的物質。主要的鹵素包括氟、氯、溴和碘。

herbivore 草食動物
只吃植物的動物。

hibernation 冬眠
指部分動物在冬天會陷入深沉睡眠或休息期。

hormone 荷爾蒙
在血液中流動的化學「信差」，能控制特定的身體功能。

hypothalamus 下丘腦
腦部的一部分，連接身體的神經和荷爾蒙系統。它會令身體維持穩定的狀態，讓所有部分都能正常運作。

incandescent 白熾
指物體被加熱至發出可見光。

inert 惰性
即不會產生化學反應。惰性化學物質不會輕易與其他化學物質結合。

lactic acid 乳酸
在你進行劇烈運動、身體分解葡萄糖以釋出能量時，在肌肉中累積的一種化學物質。

lens 晶狀體
位於眼睛裏的透明圓形結構，負責將光聚焦在視網膜上。

lift 升力
當空氣流經一個物體表面時所產生的一種向上的力。

light ray 光線
沿着直線前進的光。

light spectrum 光譜
當光分散成不同顏色時我們看見的彩虹色。

liquid 液體
物體的狀態之一。液體會流動,並變成容器的形狀。液體能夠流動是因為它的分子會滑過彼此。

luminescent 發光
即能夠產生光。

maglev train 磁浮列車
利用磁力浮在路軌上的列車,讓它能夠以最少的摩擦力移動。

magma 岩漿
一些濕軟、熔化了的岩石,出現在地球的地幔和地殼裏。當岩漿噴到地面上,便被稱為熔岩。

magnetic field 磁場
圍繞磁石的力,會影響附近其他物體。

magnetic poles 磁極
磁石上磁力最強的兩點,被稱為磁石的北極和南極。

magnifying glass 放大鏡
手持式的透鏡,由玻璃或塑膠製成,會令物體顯得較大。

mammals 哺乳類動物
一種温血動物,身上有毛髮,會以乳汁餵哺幼兒。

mantle 地幔
位於地殼下方厚厚的高密度岩石層。部分地幔已局部熔化。

mass 質量
物體中含有的物質總量。

matter 物質
一切有質量及佔有空間的東西——它是宇宙中的一切事物產生的基礎。

melanin 黑色素
一種棕色的色素,存在於皮膚、頭髮和眼睛。

melanocytes 黑色素細胞
皮膚裏產生黑色素的細胞。

melittin 蜂毒肽
蜜蜂的毒液中的物質,會令我們被刺傷後疼痛及受刺激。

membrane 薄膜
在細胞、器官及其他身體部分周邊薄薄的外層。

meteorite 隕石
來自太空的石塊或金屬片,它們進入了地球的大氣層並抵達地面,但沒有被完全燒毀。

microscope 顯微鏡
一種光學儀器,能夠利用透鏡系統來放大物體的影像。

microscopic 微觀
形容物體非常細小,只能透過顯微鏡才能看得見。

Milky Way 銀河系
我們的太陽系所在的星系。

minerals 礦物質
一些天然存在於岩石或金屬裏、不是由植物或動物性原料形成的固體。礦物質亦指身體在食物或食水中吸取用的化學物質。

molecule 分子
由最少兩顆原子組成的物質粒子,原子之間以稱為化學鍵的力連接。

mucus 黏液
一些滑潺潺的液體,保護着人體裏的管道和體腔,以保持其表面濕潤。

muscle 肌肉
一種身體組織,能夠收縮令身體移動。肌肉是由稱為肌肉纖維的長細胞組成。

NASA 美國太空總署
負責美國的太空探索計劃。

nerve 神經
由一束束的神經細胞組成,會傳送電子信號到身體各部分。

neuron 神經元
即神經細胞。

nucleus 核心
指原子的中心部分,或是生物細胞中負責控制細胞運作的中心。

nutrition 營養
獲取食物或生存所需原料(營養素)的過程。

optic nerve 視神經
一對神經,負責從視網膜將信號傳送至腦部。

orbit 軌道
太空中的星體運行的路線,例如衞星會圍繞所屬行星公轉、地球圍繞太陽運行等。

organ 器官
身體的主要結構,擁有特定功能。體內的器官包括腦部、腎臟、肝臟和心臟。

organelle 細胞器
細胞擁有特定功能的部分。例如核糖體(ribosomes)會製造蛋白質,而粒線體(mitochondria)會產生能量。

particle 粒子
一些細微的物質,例如原子或分子。原子本身含有更細微的粒子,包括電子、質子和中子。

perception 感知
透過我們的感官去了解我們周遭的世界與人。

philosopher 哲學家
利用邏輯證據來了解宇宙性質、生命的意義和人類應如何行事的人。

pigment 色素
色素令物料擁有色彩。例如黑色素會令你的頭髮有顏色。

pituitary gland 腦下垂體
位於腦部下方的主要腺體,會向其他腺體傳送信息,以釋出荷爾蒙。

placenta 胎盤
子宮內的器官,會從母親的血液中取得氧氣和營養素,並傳送到嬰兒的血液裏。它與嬰兒藉由臍帶互相連接起來。

plasma 電漿
非常熾熱、帶有一電荷的物質狀態,在此狀態下電子會脱離原子。

pollution 污染
細菌、工廠、汽車、農業等會污染環境的事物。

protein 蛋白質
生命的構成基礎,存在於我們的細胞裏。蛋白質是生長及修補身體細胞不可或缺的物質,它們也可從牛奶、芝士等食物中找到。

psychologist 心理學家
專門研究人類行為和心靈活動的科學家。

radius 半徑
圓心與圓形外圍之間的距離。它是圓形直徑的一半。

receptor 感受器
細胞裏的結構,會回應來自其他細胞的信息。有些神經是感受器,能夠感知我們周邊的變化,並向腦部發出信號。

recycling 循環再造
再次運用垃圾,以節省資源和能源。

red blood cell 紅血球
一種血液細胞，會攜帶氧氣到身體各部分。

red giant 紅巨星
生命接近終結的恆星，它的溫度已下降並大幅膨脹。

reflex 反射
當某些東西影響身體時產生的自動反應，例如當你的手指並到一些灼熱的東西時便會自動縮開。

refract 折射
指光線從一種物質經過另一種物質，例如由空氣進入水中時，光線會屈折或改變方向的現象。

REM sleep 快速動眼睡眠
一種淺眠的階段，會易於做夢。REM即「快速動眼期」。在此睡眠階段中你無法動彈，但你的眼睛會快速轉動。

renewable energy 可再生能源
不會耗盡的能源，例如太陽能、潮汐能、風能等。

reptile 爬行類動物
一種冷血動物，擁有脊骨及有鱗的皮膚。大部分爬行類都會生蛋。

resists 阻力
與某些東西對抗或以相反方向作用的力。

respire 呼吸作用
指生物利用氧氣，使能量從營養素中釋放出來的過程

retina 視網膜
位於眼睛後方內部的一層感光細胞。

scab 痂
傷口上的硬塊，由血栓和膠原蛋白形成。

sebum 皮脂
皮膚產生的油性液體，可保持皮膚及頭髮柔軟有彈性。

semiconductor 半導體
只能在特定環境條件下導電的物質，例如溫度可影響導電能力。

sense organs 感覺器官
你的眼睛、耳朵、鼻子和味蕾，還有皮膚，擁有感知觸摸、溫度和痛楚的感受器。

Solar System 太陽系
指圍繞着太陽運轉的行星和它們的衛星，還有小行星、彗星等星體。

solid 固體
物質的狀態之一，擁有相對固定的形狀。固體不會像液體和氣體般流動，也不會改變形狀。

southern hemisphere 南半球
地球位於赤道以南的一半。

species 物種
指形態非常相似、外貌相近，能夠互相交配繁殖的生物。

spherical 球體
形狀像球的物體。

star 恆星
太空裏一團熾熱、發光的龐大氣體球。

static electricity 靜電
物體表面失去或得到電子時產生的正電荷或負電荷。閃電是靜電的其中一個例子。

steam 蒸氣
水的氣體狀態，是當水沸騰並膨脹時形成的。

stereoscopic vision 立體視覺
指腦部將兩隻眼睛所看見的、略有不同的影像結合而成的單一影像。它能讓我們看見立體的影像。

streamlined 流線形
擁有光滑、狹長，一般是尖銳的形狀，以輕易穿過空氣或水。舉例說，鳥類是流線形的。

substance 物質
特定的物料種類。

Sun 太陽
一個中等大小的恆星，位於太陽系的中心。

surface area 表面面積
一個形狀整個表面的大小，一般是三角形、正方形、立方體或球體。

surface tension 表面張力
水表面的力，會形成細緻的薄膜，足以支撐細微的物體，例如昆蟲等。

taste buds 味蕾
舌頭上及嘴巴裏的感受器，能夠分辨出你進食的食物中某些化學物劑。

thrust 推力
推動飛機、船隻或車輛向前的力。就飛機而言，推力來自螺旋槳或噴射引擎。

tissue 組織
一組相似的細胞，會合力達成特定功能，例如肌肉組織。

turbine 渦輪
一種機器，能利用液體或氣體來推動發電機組，以產生電力。

umami 鮮味
一種美味的味道，能被味蕾分辨出來。

umbilical cord 臍帶
一根包含血管的帶子，連接嬰兒與母親子宮裏的胎盤。

Universe 宇宙
整個太空和它包含的一切。

uterus 子宮
位於腹部裏的器官，嬰兒出生前會在子宮裏成長。

vacuum 真空
指完全沒有物質的狀態。

vaporize 蒸發
指固體或液體變成氣體。

vapour 蒸氣
即氣體，特別指由不至於熱至沸騰的液體所蒸發而成的氣體。

venom 毒液
動物用於保護自己免被其他動物傷害，或是攻擊其他動物，令牠們癱瘓或殺死牠們的毒藥。

virus 病毒
微細、不屬於生物的病菌，含有一系列化學物質。病毒會佔據細胞，以複製自己，並可能引起疾病。

visual cortex 視覺皮層
位於腦部後方的部分，負責處理來自眼睛的信號。

water cycle 水循環
指地球的水不停在海洋、天空和陸地之間移動的過程。

water vapour 水蒸氣
氣態的小水點，能夠在空中凝結，形成雲朵。

wavelength 波長
光、聲音等能量波的波峯與下一個波峯之間的距離。

white dwarf 白矮星
即將死去的恆星留下的細小及高密度遺骸。

wingspan 翼展
鳥類、昆蟲或飛機的兩隻翅膀尖端之間的距離。

125

中英對照索引

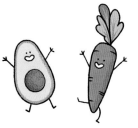

新雅・知識館

英國權威科學家
解答世界孩子科學100問

作者：羅伯特・温斯頓教授
（Professor Robert Winston）

翻譯：羅睿琪

責任編輯：劉紀均

美術設計：蔡學彰

出版：新雅文化事業有限公司

香港英皇道499號北角工業大廈18樓

電話：(852) 2138 7998

傳真：(852) 2597 4003

網址：http://www.sunya.com.hk

電郵：marketing@sunya.com.hk

發行：香港聯合書刊物流有限公司

香港荃灣德士古道220-248號

荃灣工業中心16樓

電話：(852) 2150 2100

傳真：(852) 2407 3062

電郵：info@suplogistics.com.hk

版次：二○二○年九月初版
二○二二年六月第二次印刷

版權所有・不准翻印

Original Title: Ask A Scientist
Copyright © Dorling Kindersley Limited, 2019
A Penguin Random House Company
Text Copyright © Professor Robert Winston, 2019

For the curious
www.dk.com

ISBN: 978-962-08-7563-2
Traditional Chinese Edition © 2020
Sun Ya Publications (HK) Ltd.
18/F, North Point Industrial Building, 499 King's Road,
Hong Kong
Published in Hong Kong, China
Printed in China

鳴謝

DK would like to thank the following: Caroline Hunt for proofreading; Helen Peters for the index; Nityanand Kumar (DTP Designer) and Seepiya Sahni (Art Editor) for work on cutouts; Abigail Luscombe for picture research

Picture credits: (Key: a-above; b-below/bottom; c-centre; f-far; l-left; r-right; t-top) **10 Dreamstime.com:** Sebastian Kaulitzki / Eraxion (bl). **11 Science Photo Library:** Edelmann (br). **12 Science Photo Library:** Mark Garlick (t). **13 NASA:** CXC / CfA / M.Markevitch et al (br). **15 123RF.com:** Eric Isselee / isselee (crb, br). **Fotolia:** Anatolii (bc). **16 123RF.com:** Evgenii Zadiraka (cra). **17 Dreamstime.com:** Yekophotostudio (c). **18 123RF.com:** cherrymerry (cra). **19 Dreamstime.com:** Astrofireball (tr). **20-21 Alamy Stock Photo:** Zoonar GmbH. **21 123RF.com:** Yulia Petrova (r). **22 Dorling Kindersley:** Natural History Museum (bc). **Science Photo Library:** Masato Hattori (ca). **23 Dreamstime.com:** Steveheap (b). **24 Alamy Stock Photo:** RubberBall (br). **Getty Images:** Clarissa Leahy. **26-27 Getty Images:** Jonathan Knowles (c). **27 Dreamstime.com:** gilmanshin (tr). **28-29 Dreamstime.com:** Beijing Hetuchuangyi Images Co, . Ltd . / Eastphoto (t). **30 Dreamstime.com:** Matee Nuserm (cl). **iStockphoto.com:** Mathisa_s (c, cr). **31 Dorling Kindersley:** Jerry Young (cla). **Dreamstime.com:** Alexander Potapov (t); Nancy Tripp / Qnjt (c). **32 Alamy Stock Photo:** Walter Oleksy (l). **34 Alamy Stock Photo:** Nature Picture Library (r); robertharding (l). **35 Dreamstime.com:** Jamiemuny (cr). **iStockphoto.com:** Stocktrek Images (br). **36-37 Dreamstime.com:** Maksim Toome / Mtoome (c). **37 Dorling Kindersley:** Science Museum, London (clb). **Dreamstime.com:** Alexey Romanenko / Romanenkoalexey (ca). **38 Science Photo Library:** DR Keith Wheeler (cb). **38-39 Alamy Stock Photo:** Daniel Sanchez Blasco (bc). **Getty Images:** Clouds Hill Imaging Ltd. (c). **39 Alamy Stock Photo:** Daniel Sanchez Blasco (tl, cra). **Getty Images:** Robert Clark (cr). **40 Dreamstime.com:** Alle (clb); Rolfgeorg Brenner (b). **41 Science Photo Library:** Claus Lunau. **46 Getty Images:** A.B. / Lars Langemeier. **48 Dreamstime.com:** Maxim Weise (bl). **49 Alamy Stock Photo:** Teresa Otto (br). **50 iStockphoto.com:** Monica Click. **51 Dreamstime.com:** Lim Seng Kui (tc); Mimagephotography (ca). **iStockphoto.com:** Claudiad (cra). **54-55 Dreamstime.com:** Markus Gann / Magann (c). **56 Alamy Stock Photo:** Roberto Nistri. **57 Science Photo Library:** Dante Fenolio (b). **58-59 Alamy Stock Photo:** DPK-Photo (b). **59 Dreamstime.com:** MRMake (br). **60-61 123RF.com:** Helmut Knab (t). **61 Dreamstime.com:** Matthias Ziegler / Paulmz (tl). **Fotolia:** Mikael Damkier (tr). **62 Alamy Stock Photo:** Kim Christensen (bc). **63 Dorling Kindersley:** Stephen Oliver (br). **64 Dreamstime.com:** Kdshutterman (l); Milkos (tr). **65 Alamy Stock Photo:** Aaron Amat (br). **66 Dreamstime.com:** Jose Manuel Gelpi Diaz (br). **Getty Images:** Frank Krahmer / Photographer's Choice RF (cr). **69 123RF.com:** olivierl (cla). **Alamy Stock Photo:** Alexandre Watanabe (cr). **70-71 Fotolia:** Sherri Camp (c). **72 Dorling Kindersley:** Andy Crawford (cb). **72-73 ESA / Hubble:** NASA. **74-75 Dreamstime.com:** Mark Turner. **76 Science Photo Library:** Georgette Douwma (bl). **77 Science Photo Library:** KTSDESIGN (tl). **79 Alamy Stock Photo:** Tom Uhlman (t). **82-83 Dorling Kindersley:** Whipsnade Zoo. **83 Dreamstime.com:** Menno67 (bc). **84 Dorling Kindersley:** Planes of Fame Air Museum, Valle, Arizona (cb). **Science Photo Library:** NASA (crb). **84-85 123RF.com:** phive2015. **86 Alamy Stock Photo:** (clb). **86-87 Alamy Stock Photo:** Daniel Sanchez Blasco (b). **Dreamstime.com:** Tatya Luschyk (c). **88-89 Getty Images:** Martin Hartley. **89 Alamy Stock Photo:** Darryl Gill (r). **90 Dreamstime.com:** Hunterbliss (bl); Hxdylzj (br). **91 Getty Images:** Paulo Fridman / Corbis (br); Jeff T. Green (bl). **92-93 Alamy Stock Photo:** Charlie Nowlan. **95 Depositphotos Inc:** gorkemdemir (fbr). **Dreamstime.com:** Tom Wang (br). **96 123RF.com:** grigory_bruev. **Getty Images:** Nelson Luiz Wendel (bl). **97 Science Photo Library:** B.W.Hoffman / AgstockUSA (cb). **99 Alamy Stock Photo:** Mandy Godbehear (bc). **100-101 iStockphoto.com:** urfinguss (c). **102 123RF.com:** Siim Sepp (tr). **104-105 Alamy Stock Photo:** Julian Money-Kyrle. **105 Dreamstime.com:** Pictac (br); Alexander Pladdet (clb). **Science Photo Library:** Dennis Kunkel Microscopy (c / Dental drill bit); Photo Researchers, INC. (c). **106-107 Getty Images:** Indeed (t). **108 Alamy Stock Photo:** J Marshall - Tribaleye Images (c). **Science Photo Library:** DR Seth Shostak (br). **109 NASA:** Ames / JPL-Caltech (cl). **110 123RF.com:** Noppharat Manakul (bl). **112 Alamy Stock Photo:** Science Photo Library (bl). **114-115 123RF.com:** Ilya Akinshin (Bubbles). **114 123RF.com:** Ilya Akinshin (t); pat138241 (bl). **115 Alamy Stock Photo:** Zoonar GmbH (b). **116 iStockphoto.com:** aabejon (crb). **118 123RF.com:** Steve AllenUK (cr). **119 123RF.com:** Alphaspirit (br). **Dreamstime.com:** Whilerests (cl). **120 123RF.com:** Алексей Пацюк. Hemant Mehta (br). **121 123RF.com:** Narongrit Dantragoon (Background);

All other images © Dorling Kindersley
For further information see: www.dkimages.com

The publisher would like to thank the following children for their questions:
Addy, age 9; **Aimee,** age 11; **Akshay,** age 9; **Alfie,** age 9; **Amy,** age 10; **Anika,** age 8; **Archer,** age 8; **Aron,** age 8; **Aubrey,** age 10; **Aurelia,** age 12; **Ava,** age 9; **Ben,** age 8; **Beth,** age 9; **Bonnie,** age 6; **Brayden,** age 7; **Brendan,** age 6; **Camilla,** age 9; **Caroline,** age 8; **Charlie,** age 4; **Charlize,** age 12; **Charlotte,** age 6; **Chase,** age 6; **Chi Yau,** age 11; **Cordelia,** age 11; **David,** age 9; **Devin,** age 7; **Duncan,** age 9; **Eliana,** age 4; **Elijah,** age 15; **Elio,** age 11; **Ellen,** age 7; **Emilia,** age 7; **Emma,** age 7; **Enzo,** age 7; **Eve,** age 11; **Felix,** age 5; **Hannah,** age 6; **Harrison,** age 7; **Him Sum,** age 11; **Ilana,** age 11; **Iris,** age 6; **Isaac,** age 10; **Jackson,** age 8; **Jacob,** age 9; **Jago,** age 8; **James,** age 9; **Jaredin,** age 13; **John,** age 6; **Joseph,** age 7; **Joseph,** age 10; **Kalina,** age 11; **Kate,** age 7; **Kieran,** age 8; **Lia,** age 7; **Liora,** age 6; **Liora,** age 8; **Logan,** age 11; **Louis,** age 11; **Lyra,** age 9; **Mack,** age 6; **Margaret,** age 10; **Mary-Catherine,** age 8; **Melvin,** age 11; **Miriam,** age 7; **Molly,** age 10; **Mya,** age 8; **Naël,** age 11; **Noah,** age 5; **Oliver,** age 7; **Page,** age 16; **Paula,** age 8; **Poppy,** age 10; **Ralph,** age 14; **Rianna,** age 12; **Ruby,** age 11; **Sachin,** age 5; **Segovia,** age 6; **Sophia,** age 14; **Teagan,** age 9; **Theodore,** age 11; **Tzofia,** age 7; **Wakana,** age 6; **William,** age 3; **William,** age 9; **Yi,** age 12; **Elementary school class, California, USA; Primary school class, Cambridgeshire, UK.**

Questions submitted from: Australia, Canada, China, France, Germany, India, Ireland, Japan, Luxembourg, the UK, and the USA.